大学物理

基础教程（下册）

主编 ⊙ 付喜 高海峡

中南大学出版社
www.csupress.com.cn

·长沙·

前　言

物理学作为一门基础科学，是自然科学许多领域和工程技术的基础，其基本理论渗透在自然科学的很多领域，并应用于生产生活的方方面面。因此，大学物理课程是各高校理工科专业大学生的一门重要基础必修课程。

本套《大学物理基础教程》是针对地方本科院校的理工科专业学生编写的。本套教材在编写过程中，参考了多本优秀的大学物理国家级规划教材，并充分考虑了地方本科院校学生的基础水平。本套教材在每章内容开始前加入了高中物理知识点回顾，作为教师上课和学生回顾知识的依据。此外，本套教材通过图文方式加入了一些应用技术的知识内容及相关阅读材料，突出了本书应用性强的特点，力求为地方本科院校理工科学生的专业需求服务，以突出大学物理课程作为基础必修课程的地位及作用。

本套教材分为上、下两册，上册包括力学、振动与波、热学、相对论和量子物理基础等内容，下册包括电磁学、光学、现代物理学等内容。不同专业可根据其具体情况对内容进行取舍，教学时数可掌握在 64~128 学时。

本套教材由湖南科技学院付喜主编和统稿，参与编写工作的有湖南科技学院孔永红、高海峡、朱湘萍、尹鑫桃、李爱华、王元生、李志兵、郑志远、吴培、曾辉、胡丽娟、刘宏喜。本套教材编写者所承担的大学物理课程 2021 年立项成为湖南省一流本科课程(〔湘教通〔2021〕322 号〕，主持人：付喜)，本套教材的出版为该课程建设成果之一。中南大学出版社有关人员在本书编辑出版过程中付出了辛勤劳动，在此一并表示感谢!

受作者水平与能力所限，书中难免存在疏漏与不妥之处，恳请读者批评指正。

编　者
2023 年 6 月

目　录

第四篇　电磁学

第五篇　光学

第六篇　现代物理学

电磁学

早期，由于磁现象曾被认为是与电现象独立无关的，同时也由于磁学本身发展和应用，如近代磁性材料和磁学技术的发展，新的磁效应和磁现象的发现和应用等，使得磁学的内容不断扩大，所以磁学实际上被作为一门和电学相平行的学科来研究了。

电磁学从原来互相独立的两门科学(电学、磁学)发展成为物理学中一个完整的分支学科，主要是基于两个重要的实验发现，即电流的磁效应和变化的磁场的电效应。这两个实验现象，加上麦克斯韦关于变化电场产生磁场的假设，奠定了电磁学的整个理论体系，发展了对现代文明有重大影响的电工和电子技术。

麦克斯韦电磁理论的重大意义，不仅在于这个理论支配着一切宏观电磁现象(包括静电、稳恒磁场、电磁感应、电路、电磁波等)，而且在于它将光学现象统一在这个理论框架之内，深刻地影响着人们认识物质世界的思想。

电子的发现，使电磁学和原子与物质结构的理论结合了起来，洛伦兹的电子论把物质的宏观电磁性质归结为原子中电子的效应，统一地解释了电、磁、光现象。

和电磁学密切相关的是经典电动力学，两者在内容上并没有原则性的区别。一般说来，电磁学偏重于电磁现象的实验研究，从广泛的电磁现象研究中归纳出电磁学的基本规律；经典电动力学则偏重于理论方面，它以麦克斯韦方程组和洛伦兹力为基础，研究电磁场分布，电磁波的激发、辐射和传播，以及带电粒子与电磁场的相互作用等电磁问题，也可以说，广义的电磁学包含了经典电动力学。

阅读材料一：电学发展简史

"电"一词在西方是从希腊文"琥珀"一词转意而来的，在中国则是从雷闪现象中引出来的。18世纪中叶以来，对电的研究逐渐蓬勃开展。它的每项重大发现都引起广泛的实用研究，从而促进科学技术的飞速发展。

现今，无论人类生活、科学技术活动还是物质生产活动都已离不开电。随着科学技术的发展，某些带有专门知识的研究内容逐渐独立，形成专门的学科，如电子学、电工学等。电学又可称为电磁学，是物理学中颇具重要意义的基础学科。

有关电的记载可追溯到公元前 6 世纪。早在公元前 585 年，希腊哲学家泰勒斯已记载了用木块摩擦过的琥珀能够吸引碎草等轻小物体的发现，后来又有人发现摩擦过的煤玉也具有吸引轻小物体的能力。在以后的 2000 年中，这些现象被看成与磁石吸铁一样，属于物质具有的性质，此外没有什么其他重大的发现。

在中国，西汉末年已有"碡瑁（玳瑁）吸偌（细小物体之意）"的记载；晋朝时还有关于摩擦起电引起放电现象的记载——"今人梳头，脱著衣时，有随梳，解结有光者，亦有咤声"。

1600 年，英国物理学家吉伯发现，不仅琥珀和煤玉摩擦后能吸引轻小物体，相当多的物质经摩擦后也都具有吸引轻小物体的性质，并且注意到这些物质经摩擦后并不具备磁石那种指南北的性质。为了表明与磁性的不同，他采用"琥珀"的希腊字母拼音把这种性质称为"电的"。吉伯在实验过程中制作了第一只验电器，这是一根中心固定可转动的金属细棒，当与摩擦过的琥珀靠近时，金属细棒可转动指向琥珀。

大约在 1660 年，马德堡的盖利克发明了第一台摩擦起电机。他用硫黄制成形如地球仪的可转动球体，用干燥的手掌摩擦转动球体，使之获得电。盖利克的摩擦起电机经过不断改进，在静电实验研究中起着重要的作用，直到 19 世纪霍尔茨和推普勒分别发明感应起电机后才被取代。

18 世纪电的研究迅速发展起来。1729 年，英国的格雷在研究琥珀的电效应是否可传递给其他物体时发现导体和绝缘体的区别：金属可导电，丝绸不导电，并且他第一次使人体带电。格雷的实验引起法国迪费的注意。1733 年迪费发现绝缘后的金属也可摩擦起电，因此他得出所有物体都可摩擦起电的结论。他把玻璃上产生的电叫作"玻璃电"，琥珀上产生的电与树脂产生的相同，叫作"树脂电"。他得出结论：带相同电的物体互相排斥；带不同电的物体彼此吸引。

1745 年，荷兰莱顿的穆申布鲁克发明了能保存电的莱顿瓶。莱顿瓶的发明为电的进一步研究提供了条件，它对电知识的传播起到了重要的作用。

差不多同时，美国的富兰克林做了许多有意义的工作，使得人们对电的认识更加丰富。1747 年他根据实验提出：在正常条件下电是以一定的量存在于所有物质中的一种元素；电跟流体一样，摩擦的作用可以使它从一物体转移到另一物体，但不能创造；任何孤立物体的电总量是不变的，这就是通常所说的电荷守恒定律。他把摩擦时物体获得的电的多余部分叫作带正电，物体失去电而不足的部分叫作带负电。

严格地说，这种关于电的一元流体理论在今天看来并不正确，但他所使用的正电和负电的术语至今仍被采用，他还观察到导体的尖端更易于放电等。早在 1749 年，他就注意到雷闪与放电有许多相同之处，1752 年他通过在雷雨天气将风筝放入云层来进行雷击实验，证明了雷闪就是放电现象。在这个实验中最幸运的是富兰克林居然没有被电死，因为这是一个危险的实验，后来曾有人重复这种实验时遭电击身亡。富兰克林还建议用避雷针来防护建筑物免遭雷击，该应用于 1745 年首先由狄维斯实现，这大概是电的第一个实际应用。

18 世纪后期开始了电荷相互作用的定量研究。1776 年，普里斯特利发现带电金属容器内表面没有电荷, 猜测电力与万有引力有相似的规律。1769 年, 鲁宾孙通过作用在一个小球上电力和重力平衡的实验, 第一次直接测定了两个电荷的相互作用力与距离的二次方成反比。1773 年, 卡文迪什推算出电力与距离的二次方成反比, 他的这一实验是近代精确验证电力定律的雏形。

1785 年, 库仑设计了精巧的扭秤实验, 直接测定了两个静止点电荷的相互作用力与它们之间的距离二次方成反比, 与它们的电量乘积成正比。库仑的实验得到了世界的公认, 从此电学的研究开始进入科学行列。1811 年泊松把早先力学中拉普拉斯在万有引力定律基础上发展起来的势论用于静电的研究, 发展了静电学的解析理论。

18 世纪后期电学的另一个重要的发展是意大利物理学家伏打发明了电池。在这之前, 电学实验只能用摩擦起电机和莱顿瓶进行, 而它们只能提供短暂的电流。1780 年, 意大利的解剖学家伽伐尼偶然观察到与金属相接触的蛙腿会发生抽动。他进一步实验后发现, 若用两种金属分别接触蛙腿的筋腱和肌肉, 则当两种金属相碰时, 蛙腿会发生抽动。1792 年, 伏打对此进行了仔细研究之后, 认为蛙腿的抽动是一种对电流的灵敏反应。电流是两种不同金属插在一定的溶液内并构成回路时产生的, 而肌肉提供了这种溶液。基于这一思想, 1799 年, 他制造了第一个能产生持续电流的化学电池, 其装置为一系列按同样顺序叠起来的银片、锌片和用盐水浸泡过的硬纸板组成的柱体, 叫作伏打电堆。

化学电源发明后, 人们很快发现利用它可以做出许多不寻常的事情: 1800 年卡莱尔和尼科尔森用低压电流分解了水; 同年里特成功地从水的电解中搜集了两种气体, 并从硫酸铜溶液中电解出金属铜; 1807 年, 戴维利用庞大的电池组先后电解得到钾、钠、钙、镁等金属; 1811 年戴维用 2000 个电池组成的电池组制成了碳极电弧, 从 19 世纪 50 年代起碳极电弧成为灯塔、剧院等场所使用的强烈光电源, 直到 19 世纪 70 年代才逐渐被爱迪生发明的白炽灯所代替。此外伏打电池也促进了电镀的发展, 电镀是 1839 年由西门子等人发明的。

虽然早在 1750 年富兰克林已经观察到莱顿瓶放电可使钢针磁化, 甚至在更早的 1640 年已有人观察到闪电使罗盘的磁针旋转, 但到 19 世纪初, 科学界仍普遍认为电和磁是两种独立的作用。与这种传统观念相反, 丹麦的自然哲学家奥斯特接受了德国哲学家康德和谢林关于自然力统一的哲学思想, 坚信电与磁之间有着某种联系。经过多年的研究, 他终于在 1820 年发现电流的磁效应: 当电流通过导线时, 引起导线近旁的磁针偏转。电流磁效应的发现开拓了电学研究的新纪元。

奥斯特的发现首先引起法国物理学家的注意, 同年即取得一些重要成果, 如: 安培关于载流螺线管与磁铁等效性的实验; 阿喇戈关于钢和铁在电流作用下的磁化现象; 毕奥和萨伐尔关于长直载流导线对磁极作用力的实验等。此外安培还进一步做了一系列电流相互作用的精巧实验。由这些实验分析发现的电流元之间相互作用力的规律, 是认识电流产生磁场以及磁场对电流作用的基础。

电流磁效应的发现打开了电应用的新领域。1825 年斯特金发明电磁铁, 为电的广泛应用创造了条件。1833 年高斯和韦伯制造了第一台简陋的单线电报; 1837 年惠斯通和莫尔斯分别独立发明了电报机, 莫尔斯还发明了一套电码, 利用他所制造的电报机可通过在移动的纸条上打上点和划来传递信息。

1855 年汤姆孙(即开尔文)解决了水下电缆信号输送速度慢的问题, 1866 年由汤姆孙设计的大西洋电缆铺设成功。1854 年, 法国电报家布尔瑟提出用电来传送声音的设想, 但未变成现实；赖斯于 1861 年实验成功，但未引起人们重视；1861 年贝尔发明了电话，其收话机仍用于现代，而其发话机则被爱迪生发明的碳发话机以及休士发明的传声器所代替。

电流磁效应发现不久，几种不同类型的检流计设计制成，为欧姆发现电路定律提供了条件。1826 年，受到傅里叶关于固体中热传导理论的启发，欧姆认为电的传导和热的传导很相似，电源的作用好像热传导中的温差一样。为了确定电路定律，开始他用伏打电堆作为电源进行实验，由于当时的伏打电堆性能很不稳定，实验没有成功；后来他改用因两个接触点温度恒定而高度稳定的热电动势做实验，得到电路中的电流强度与他所谓的电源的"验电力"成正比、比例系数为电路的电阻的结论。

由于当时的能量守恒定律尚未确立，验电力的概念是含糊的，直到 1848 年基尔霍夫从能量的角度考察，才澄清了电位差、电动势、电场强度等概念，使得欧姆理论与静电学概念协调起来。在此基础上，基尔霍夫解决了分支电路问题。

杰出的英国物理学家法拉第开展了许多有关电磁现象的实验研究，对电磁学的发展做出极重要的贡献，其中最重要的贡献是 1831 年发现电磁感应现象。紧接着他做了许多实验确定电磁感应的规律，他发现当闭合线圈中的磁通量发生变化时，线圈中就产生感应电动势，感应电动势的大小取决于磁通量随时间的变化率。后来，楞次于 1834 年给出感应电流方向的描述，而诺埃曼概括了他们的结果，给出感应电动势的数学公式。

法拉第在电磁感应的基础上制出了第一台发电机。此外，他把电现象和其他现象联系起来广泛进行研究，在 1833 年成功地证明了摩擦起电和伏打电堆产生的电相同，1834 年发现电解定律，1845 年发现磁光效应，并解释了物质的顺磁性和抗磁性，他还详细研究了极化现象和静电感应现象，并首次用实验证明了电荷守恒定律。

电磁感应的发现为能源的开发和广泛利用开创了崭新的前景。1866 年西门子发明了可供实用的自激发电机；19 世纪末实现了电能的远距离输送；电动机在生产和交通运输中得到广泛使用，从而极大地改变了工业生产的面貌。

对电磁现象的广泛研究使法拉第逐渐形成了他特有的"场"的观念。他认为：力线是物质的，它弥漫在全部空间，并把异号电荷和相异磁极分别联结起来；电力和磁力不是通过空虚空间的超距作用，而是通过电力线和磁力线来传递的，它们是认识电磁现象必不可少的组成部分，甚至它们比产生或"汇集"力线的"源"更富有研究的价值。

法拉第丰硕的实验研究成果以及他的新颖的场的观念，为电磁现象的统一理论准备了条件。诺埃曼、韦伯等物理学家对电磁现象的认识曾有过不少重要贡献，但他们从超距作用观点出发，概括库仑以来已有的全部电学知识，在建立统一理论方面并未取得成功。这一工作在 19 世纪 60 年代由卓越的英国物理学家麦克斯韦完成。

麦克斯韦认为变化的磁场在其周围的空间激发涡旋电场；变化的电场引起媒质电位移的变化，电位移的变化与电流一样在周围的空间激发涡旋磁场。麦克斯韦明确地用数学公式把它们表示出来，从而得到了电磁场的普遍方程组——麦克斯韦方程组。法拉第的力线思想以及电磁作用传递的思想在其中得到了充分的体现。

麦克斯韦进而根据他的方程组，得出电磁作用以波的形式传播，电磁波在真空中的传播速度等于电量的电磁单位与静电单位的比值，其值与光在真空中传播的速度相同，由此麦克斯韦预言光也是一种电磁波。

1888 年，赫兹根据电容器放电的振荡性质，设计制作了电磁波源和电磁波检测器，通过实验检测到电磁波，测定了电磁波的波速，并观察到电磁波与光波一样，具有偏振性质，能够反射、折射和聚焦。从此麦克斯韦的理论逐渐为人们所接受。

麦克斯韦电磁理论通过赫兹电磁波实验的证实，开辟了一个全新的领域——电磁波的应用和研究。1895年，俄国的波波夫和意大利的马可尼分别实现了无线电信号的传送。后来马可尼将赫兹的振子改进为竖直的天线；德国的布劳恩进一步将发射器分为两个振耦线路，为扩大信号传递范围创造了条件。1901年马可尼第一次建立了横跨大西洋的无线电联系。电子管的发明及其在线路中的应用，使得电磁波的发射和接收都成为易事，推动了无线电技术的发展，极大地改变了人类的生活。

1896年洛伦兹提出电子论，将麦克斯韦方程组应用到微观领域，并把物质的电磁性质归结为原子中电子的效应。这样不仅可以解释物质的极化、磁化、导电等现象以及物质对光的吸收、散射和色散现象，而且还成功地说明了关于光谱在磁场中分裂的正常塞曼效应。此外，洛伦兹还根据电子论导出了关于运动介质中的光速公式，把麦克斯韦理论向前推进了一步。

在法拉第、麦克斯韦和洛伦兹的理论体系中，假定了有一种特殊媒质"以太"存在，它是电磁波的荷载者，只有在以太参考系中，真空中光速才严格地与方向无关，麦克斯韦方程组和洛伦兹力公式也只在以太参考系中才严格成立。这意味着电磁规律不符合相对性原理。

关于这方面问题的进一步研究，导致了爱因斯坦在1905年建立了狭义相对论，它改变了原来的观点，认定狭义相对论是物理学的一个基本原理，它否定了以太参考系的存在并修改了惯性参考系之间的时空变换关系，使得麦克斯韦方程组和洛伦兹力公式有可能在所有惯性参考系中都成立。狭义相对论的建立不仅发展了电磁理论，并且对以后理论物理的发展具有巨大的作用。

阅读材料二：法拉第简介

法拉第
(1791—1867)

法拉第，英国物理学家、化学家，1791年9月22日生在一个手工工人家庭。

法拉第的父亲是一个铁匠。法拉第小时候受到的学校教育是很差的。十三岁时，他就到一家装订和出售书籍兼营文具生意的铺子里当了学徒。但与众不同的是他除了装订书籍外，还经常阅读它们。他的老板也鼓励他，有一位顾客还送给了他一些听伦敦皇家学院讲演的听讲证。1812年冬季的一天，21岁的法拉第来到了伦敦皇家学院，要求面见著名的院长戴维。作为自荐书，他带来了一本装订得整齐美观的簿子，里面是他听戴维讲演时记下的笔记。法拉第给戴维留下了很好的印象。戴维正好缺少一位助手，不久他就雇用了这位申请者，从此，法拉第开始步入科学的殿堂。

法拉第是一个伟大的实验物理学家，他在电磁学方面的主要贡献是现在所称的法拉第电磁感应定律，并且提出了力线和场的概念。前面提到的安培和奥斯特等人的工作说明了电和磁之间存在着必然的联系，法拉第发现的电磁感应定律比他们前进了一大步。他用实验证明了电不仅可以转化为磁，磁也同样可以转化为电。运动中的电能感应出磁，同样运动中的磁也能感应出电。法拉第的发现为大规模利用电力提供了基础，后来人们利用法拉第电磁感应定律制造了感应发电机，从此由蒸汽机时代进入了电气化时代。1831 年，法拉第用铁粉做实验，形象地证明了磁力线的存在。他指出，这种力线不是几何的，而是一种具有物理性质的客观存在。这个实验说明，电荷或者磁极周围空间并不是以前认为的那样是一无所有的、空虚的，而是充满了向各个方向散发的这种力线。他把这种力线存在的空间称之为场，各种力就是通过这种场进行传递的。

法拉第将他的一生所做的实验进行了总结，写出了《电学实验研究》。由于法拉第基本上不懂数学，在这部著作中人们几乎找不到一个数学公式，以至于有人认为它只是一本关于电磁学的实验报告。但是，正是因为不懂数学，他才不得不想尽方法用简单易懂的语言来表达高深的物理规律，才有了力线和场这样简明而优美的概念。他的这个不懂数学的缺陷恰好被他的后来者麦克斯韦所弥补，建立了完美的电磁学理论。法拉第还是一个出色的科普演讲家。同时，法拉第具有深刻的哲学思想以及几何和空间上的洞察力。他的善于持久思考的能力，正好弥补了他数学上的不足。在他留下来的笔记中，有下面一段话："我一直冥思苦索什么是使哲学家获得成功的条件。是勤奋和坚韧精神加上良好的感觉能力和机智吗？……但是，我长期以来为我们实验室寻找天才却从未找到过。不过我看到了许多人，如果他们真能严格要求自己，我想他们已成为有成就的实验哲学家了。"

开尔文勋爵对法拉第非常了解，他在纪念法拉第的文章中说："他的敏捷和活跃的品质，难以用言语形容。他的天才光辉四射，使他的出现呈现出智慧之光，他的神态有一种独特之美，这是有幸在他家里或者皇家学院见过他的任何人都会感觉到的，从思想最深刻的哲学家到最质朴的儿童。"

阅读材料三：麦克斯韦简介

麦克斯韦
(1831—1879)

麦克斯韦，英国物理学家，经典电磁理论的奠基人。麦克斯韦出生于苏格兰爱丁堡的一个名门望族，他从小便显露出出色的数学才能。他在 14 岁就在英国《爱丁堡皇家学会学报》上发表数学论文，获得了爱丁堡学院的数学奖。后来，麦克斯韦给英国皇家学会送去了两篇论文，但是皇家学会以"不适宜让一个穿夹克的小孩登上这里的讲台"为由让别人代为宣读论文。1850 年，麦克斯韦考入了剑桥大学三一学院，主攻数学和物理。1854 年以优异的成绩毕业。1871 年回到母校担任实验物理教授。

法拉第精于实验研究，麦克斯韦擅长于理论分析概括，他们相辅相成，完成了科学上的重大突破。1855 年，24 岁的麦克斯韦发表了他的论文《论法拉第的力线》，对法拉第的力线概念进行了数学分析。1862 年，他继续发表了《论物理的力线》。在这篇论文中，他不但解释了法拉第的实验研究结果，而且还发展了法拉第的场的思想，提出了涡旋电场和位移电流的概念，初步提出了完整的电磁学理论。

1873 年，麦克斯韦完成了电磁理论的经典著作《电磁学通论》，建立了著名的麦克斯韦方程组，以非常优美简洁的数学语言概括了全部电磁现象。这一方程组有积分形式和微分形式。麦克斯韦方程组把电荷、电流、磁场和电场的变化用数学公式全部统一起来了。从该方程组可以知道，变化的磁场可以产生电场，变化的电场可以产生磁场，它们将以波动的形式在空间传播，因此麦克斯韦预言了电磁波的存在，并且推导出电磁波传播速度就是光速，因此他也同时说明了光波就是一种特殊的电磁波。这样，麦克斯韦方程组的建立标志着完整的电磁学理论体系的建立，《电磁学通论》的科学价值可以与牛顿的《自然哲学的数学原理》相媲美。

通过麦克斯韦的科学经历，我们可以看到数学在物理学科中的重要作用。麦克斯韦精通数学，他用精确的数学语言把实验结果升华为理论，用数学完美的形式使得法拉第的实验结果更加和谐美丽，显示了数学的巨大威力。

由于没有实验的验证，麦克斯韦理论当时没有得到大多数科学家的理解。物理学家劳厄说："像赫尔姆霍兹和玻尔兹曼这样有异常才能的人为了理解它也需要花几年的力气。"因此，支持他理论的科学家就更加少了。1883 年，赫兹注意到一个有关的新研究，有人提出，如果电磁波存在，那么莱顿瓶在振荡放电的时候，应该产生电磁波。1886 年，赫兹在进行放电实验时，发现近旁一个没有闭合的线圈也出现了火花，他得到启发，很快制出了可以检测电磁波的电波环。电波环的结构非常简单——在一根弯成环状的粗铜线两端，安上两个金属球，小球间的距离可以进行调整。赫兹经历了无数次失败，不断改变实验设计和装置，反复调整实验仪器，终于观察到，调节电波环的两个金属球之间的间隙，当感应圈两极的金属球之间有火花跳过时，可以使电波环的间隙处也有火花跳过，这样，他终于检测到了电磁波。

第 7 章

静电场

高中物理知识点回顾

相对于观察者静止的电荷所激发的电场,称为静电场。本章研究真空中静电场的基本特性,引入描述电场的两个重要物理量**电势**和**电场强度**,介绍反映静电场基本性质的场强叠加原理、高斯定理和环路定理,并讨论电场强度和电势之间的积分和微分关系。

§7.1 电荷 库仑定律

7.1.1 电荷

两个不同材质的物体,如干燥的丝绸和玻璃棒,互相摩擦后,能够吸引羽毛、纸片等轻小物体,这表明两个物体经摩擦后,处于一种特殊状态,人们把处于这种状态的物体称为带电体,并说它们分别带有电荷。带电体吸引轻小物体能力的强弱与它所带电荷的多少有关,用来量度电荷多少的量称为**电量**,在国际单位制(SI)中,电量的单位为库仑,用 C 表示。

自然界中存在两种电荷——**正电荷**和**负电荷**,带同号电荷的物体互相排斥,带异号电荷的物体互相吸引。静止电荷之间的相互作用力称为静电力。

通常的宏观物体处于不带电的电中性状态,使物体带电的过程就是使处于电中性状态的物体获得或失去电子的过程。实验证明:无论是摩擦起电的过程,还是其他方法使物体带电的过程,正、负电荷总是同时出现,即当一种电荷出现时,必然伴随有等量值的异号电荷同时出现;当一种电荷消失时,亦必然相伴有等量值的异号电荷同时消失。

在一个与外界没有电荷交换的孤立系统内,无论发生怎样的物理过程,系统内正、负电荷的代数和总是保持不变,这就是电荷守恒定律。它是由实验总结出来的,是自然界中人们发现的重要守恒定律之一。

迄今为止的所有实验表明,一切带电体,包括微观粒子所带电荷量,都是电子电量的整数倍。这种物体所带电量只能取分立的、不连续量值的性质,称为**电荷的量子化**。量子化的电荷称为基本电荷量 e,其大小为 $e = 1.6 \times 10^{-19}$ C。在讨论宏观带电系统时可以不考虑电荷的量子性,而把它作为电荷连续分布来处理。

7.1.2 库仑定律

不同物体带电后,带电体间存在着相互作用。一般说来,带电体之间的相互作用是十分复杂的,它与带电体的形状、大小、所带电荷和电荷分布、带电体间的相对位置以及周围介质的性质有关。在实际问题中,如果带电体的线度与它和其他带电体之间的距离相比很小,以至其本身的形状和大小在所研究的问题中可以忽略时,该带电体可视作一个带电的几何点,称为**点电荷**。点电荷有几何位置、没有大小,它是实际带电体的理想化的物理模型。

接下来讨论最简单也是最基本的情况,即真空中静止点电荷之间的相互作用,如图 7-1 所示。1785 年法国科学家库仑通过扭秤实验,确立了两个静止点电荷之间相互作用的静电力(也叫库仑力)所服从的基本规律,即库仑定律,具体内容如下:

在真空中,两个静止点电荷之间的相互作用力的大小与这两个点电荷的电量的乘积成正比,与它们之间距离 r 的平方成反比,作用力的方向沿着这两个点电荷的连线,同号电荷相斥,异号电荷相吸。用公式表示为

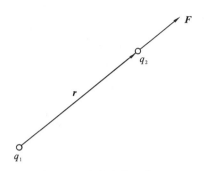

图 7-1　库仑定律示意图

$$F = \frac{1}{4\pi\varepsilon_0} \frac{q_1 q_2}{r^2} \hat{r} \qquad (7\text{-}1)$$

式中：ε_0 为真空介电常量或真空电容率（$\varepsilon_0 = 8.85 \times 10^{-12} \mathrm{N}^{-1} \cdot \mathrm{m}^{-2} \cdot \mathrm{C}^2$）；$\hat{r} = r/r$ 为矢径 $\hat{r}$ 相对应的单位矢量，r 为施力电荷指向受力电荷的矢径。

式 (7-1) 既表示了两个点电荷间相互作用力的大小，也表示了作用力的方向。当 q_1、q_2 为同种电荷时，F 方向与 r 相同；当 q_1、q_2 为异种电荷时，F 方向与 r 相反，这表明电荷间作用力为同号电荷相斥，异号电荷相吸。

实验证明，当点电荷 q 在点电荷系的共同作用下，它所受到的静电力等于各点电荷单独存在时作用于它的静电力的叠加，即

$$F = \sum_i F_i \qquad (7\text{-}2)$$

这一结论叫作**静电力的叠加原理**。按照叠加原理，可以计算连续带电体之间的静电力，具体做法是先将带电体划分为许多可看成是点电荷的电荷元，利用库仑定律求出每一对电荷元间的作用力，然后借助静电力的叠加原理，最终得到连续带电体之间的静电力。

§7.2　电场　电场强度

7.2.1　电场

库仑定律是关于两个点电荷相互作用力的实验规律，但它没有从本质上说明电荷间相互作用的力是怎样传递的。实际上，电荷间的相互作用是通过电荷在周围空间所产生的场而实现的。任一电荷都会在自己的周围空间产生场，称为电场。电荷通过电场对其他电荷施以力的作用，电场是一种客观存在的特殊物质，它和其他实物一样，具有能量、质量和动量。

相对于观察者静止的电荷在其周围空间产生的电场称为**静电场**。静电场的主要外在表现有：①处于静电场中的任一电荷均会受到电场的作用力，这种力即静电场力。②当有电荷在静电场中移动时，静电场力将对其做功。静电场的这些性质是认识和研究静电场的基础。

7.2.2　电场强度

电场有强有弱、有大有小，因此需要用一个物理量来表示电场的大小及方向，这个量就

是电场强度。要研究电场的大小,需要将一试验电荷放入电场中。所谓**试验电荷**,是指线度足够小,使得处于场中某点的位置具有确定的意义,同时电量也需足够小,使其不会对电场有显著的影响,不会改变激发电场的带电体电荷的分布。

实验发现,试验电荷在电场中受到的电场力 $\boldsymbol{F}$ 除了与场点的位置有关外,还与试验电荷有关,但在电场中确定的某一点,试验电荷受到的电场力 $\boldsymbol{F}$ 与试验电荷电量 q_0 的比值 $\boldsymbol{F}/q_0$ 却是一个大小和方向都与试验电荷无关、只与场点位置有关的量。该比值客观地表明了电场中给定点的性质,称为**电场强度**或简称场强,以符号 $\boldsymbol{E}$ 表示

$$E = \frac{F}{q_0} \qquad (7-3)$$

此式表明:电场中任一点的电场强度等于单位正电荷在该点所受的电场力。在国际单位制中,场强的单位为牛顿每库仑(N/C)或伏特每米(V/m)。

电场是客观存在的物质,试验电荷的引入是为了检验电场的存在,电场大小及方向仅由产生电场的场源电荷分布决定,与是否引入试验电荷无关。此外,电场强度的定义式(7-3)不仅对静电场适用,对其他任何电场也都适用。

一般来说,电场中各点电场强度的大小和方向是不相同的,它应该是场点位置坐标 $\boldsymbol{r}$ 的函数。一旦场源电荷的分布确定了,电场强度矢量的函数形式就确定了,进而可以确定电场强度在空间各点的大小和方向,得到该静电场的性质。

7.2.3 场强叠加原理

如果电场不是由一个点电荷产生,而是由多个点电荷产生的,此时放入电场中的试验电荷 q_0 将受到多个点电荷的作用力。根据静电力的叠加原理,试验电荷受到的总静电力为各场源点电荷单独存在时作用静电力的矢量和,即

$$\boldsymbol{F} = \sum_i \boldsymbol{F}_i = \sum_i q_0 \boldsymbol{E}_i \qquad (7-4)$$

根据式(7-3)电场强度的定义,将式(7-4)两边同时除以 q_0,可得总场强

$$\boldsymbol{E} = \sum_i \boldsymbol{E}_i \qquad (7-5)$$

式(7-5)表明,多个点电荷在周围空间某点产生的场强等于各个点电荷单独存在时在该点产生电场强度的矢量和,这个结论称为**场强叠加原理**。任何带电体(包括连续带电体)均可视作许多点电荷(或电荷元)的集合,因此基于场强叠加原理可求出任意带电体所产生电场场强的大小及方向。

7.2.4 场强的计算

通过产生电场的场源点电荷的分布情况,可以求出带电体系所激发电场的电场强度矢量,这是求解场强三种方法中的第一种方法。利用该方法可以计算具有一定几何分布的带电体在空间中的场强分布,下面介绍几个典型的例子。

1.点电荷产生的场强

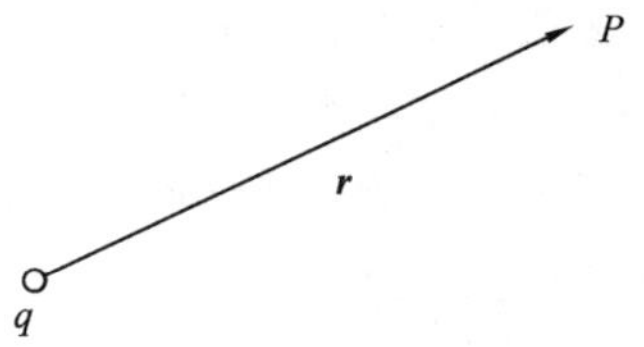

如图 7-2 所示,设在真空中有一个静止的点电荷 q,P 为点电荷周围空间中的任意一点,称其为场点。从点电

图 7-2 点电荷的电场

荷 q 到场点 P 的位矢为 r。现将试验电荷 q_0 置于场点 P，由库仑定律即式(7-1)，作用在试验电荷上的电场力为

$$F = \frac{1}{4\pi\varepsilon_0} \frac{qq_0}{r^2}\hat{r} \tag{7-6}$$

由电场强度的定义式(7-3)得，点电荷 q 在任一场点 P 产生的场强为

$$E = \frac{1}{4\pi\varepsilon_0} \frac{q}{r^2}\hat{r} \tag{7-7}$$

式(7-7)即为点电荷的场强公式。可以看出，点电荷电场中任一场点 P 的电场方向总是在点电荷 q 所在点与场点 P 的连线上；若 $q>0$，则场点 P 的电场方向与位矢 r 的方向一致，电场方向是从点电荷所在位置指向场点 P；若 $q<0$，则场点 P 的电场方向与位矢 r 的方向相反，电场方向是从场点 P 指向点电荷所在的位置。此外，电场中任一点场强的大小与产生电场的点电荷电量 q 成正比，与该场点到点电荷的距离 r 的平方成反比。

若以点电荷 q 所在位置为球心，作一半径为 r 的球面，则球面上各点场强的大小相等，方向沿径向，这种特性称为球对称性。因此，点电荷产生的电场具有球对称性。

2. 点电荷系产生的场强

如果电场由多个点电荷共同产生，此时的多个点电荷称为点电荷系。设第 i 个点电荷 q_i 指向场点 P 的矢径为 r_i，由电场叠加原理，可得点电荷系在场点 P 产生的场强为

$$E = \sum_i E_i = \sum_i \frac{1}{4\pi\varepsilon_0} \frac{q_i}{r_i^2}\hat{r}_i \tag{7-8}$$

式(7-8)就是点电荷系的电场强度的计算公式。需要注意，电场求和为矢量和。

例 7-1 计算电偶极子轴线上和中垂线上任一点的场强。

解 电偶极子是最典型的点电荷系模型，如图 7-3 所示，其由两个等量异号的点电荷 q 和 $-q$ 组成，电荷之间的距离 l 比从电荷到所考虑的场点的距离小得多。连接两点电荷的直线称为电偶极子的轴线，取从 q 指向 $-q$ 的矢量 l 的方向作为轴线的正方向，点电荷 q 与矢量 l 的乘积定义为电偶极矩，简称电矩。电矩用 p 表示，即 $p=ql$。

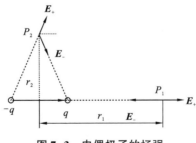

图 7-3　电偶极子的场强

(1)轴线上某点 P_1 的场强

q 和 $-q$ 在 P_1 点所产生场强的大小分别为

$$E_+ = \frac{1}{4\pi\varepsilon_0} \frac{q}{\left(r_1 + \frac{l}{2}\right)^2}, \quad E_- = \frac{1}{4\pi\varepsilon_0} \frac{q}{\left(r_1 - \frac{l}{2}\right)^2} \tag{7-9}$$

方向分别沿轴线的正向和负向。两场强的矢量和等于其代数和,即

$$E_1 = E_- - E_+ = \frac{q}{4\pi\varepsilon_0} \frac{2r_1 l}{r_1^4} \frac{1}{\left(1 - \frac{l^2}{4r_1^2}\right)^2} \tag{7-10}$$

因为 $r_1 \gg l$,故

$$E_1 \approx \frac{ql}{2\pi\varepsilon_0 r_1^3} = \frac{p}{2\pi\varepsilon_0 r_1^3} \tag{7-11}$$

(2)中垂线上某点 P_2 的场强

q 和 $-q$ 在 P_2 点所产生场强的大小分别为

$$E_+ = E_- = \frac{1}{4\pi\varepsilon_0} \frac{q}{\left(r_2^2 + \frac{l^2}{4}\right)} \tag{7-12}$$

总场强大小

$$E_2 = 2E_+ \cos\theta = \frac{1}{4\pi\varepsilon_0} \frac{ql}{\left(r_2^2 + \frac{l^2}{4}\right)^{\frac{3}{2}}} \tag{7-13}$$

方向沿轴线方向。

同样因为 $r_2 \gg l$,故

$$E_2 \approx \frac{ql}{4\pi\varepsilon_0 r_2^3} = \frac{p}{4\pi\varepsilon_0 r_2^3} \tag{7-14}$$

由上述结果可知,远离电偶极子的场点,其场强的大小与距离的三次方成反比,与电偶极矩的大小成正比。电偶极子是一个重要的物理模型,它在研究电介质(绝缘体)的极化、电磁波的发射和吸收等问题中都需要用到。

3. 电荷连续分布带电体产生的场强

如果带电体的电荷是连续分布的,此时整个带电体将不能作为点电荷处理,需要借助微积分思想来进行处理。电荷连续分布的带电体,可以看成是由许多微小的电荷元 dq 集合而成的,从而把电荷元当成点电荷处理。因此,电荷元 dq 激发的电场 $d\boldsymbol{E}$ 由点电荷的场强计算公式(7-7)得到

$$d\boldsymbol{E} = \frac{dq}{4\pi\varepsilon_0 r^2} \hat{r} \tag{7-15}$$

式中:r 为电荷元 dq 指向场点的位矢。总电场根据场强叠加原理对式(7-15)进行积分得到,即

$$\boldsymbol{E} = \int d\boldsymbol{E} = \int \frac{dq}{4\pi\varepsilon_0 r^2} \hat{r} \tag{7-16}$$

注意,这里电场的积分为矢量积分。在实际的求解中,通常是将 $d\boldsymbol{E}$ 在直角坐标系的 x、y、z 三个坐标轴方向上进行分解,并通过三个分量的代数积分求出 $d\boldsymbol{E}$ 各分量,再叠加求得

总电场。

对于连续带电体,其电荷分布分为以下 3 种情况:

(1)**体分布**。其电荷分布在连续带电体内,电荷分布密度称为电荷体密度 ρ,从而体分布带电体的电荷元 $dq = \rho dV$。

(2)**面分布**。如果带电体的厚度可忽略不计,则可认为电荷连续分布在几何面上,此时电荷分布密度称为电荷面密度 σ,从而面分布带电体的电荷元 $dq = \sigma dS$。

(3)**线分布**。如果带电体粗细可忽略不计,则可认为电荷连续分布在几何线上,此时电荷分布密度称为电荷线密度 λ,从而线分布带电体的电荷元 $dq = \lambda dL$。

定义好了电荷元,就可以根据式(7-15)和式(7-16)计算具有一定几何结构带电体的场强分布。

例 7-2　如图 7-4 所示,真空中一均匀带电直线,电荷线密度为 λ。求其电场中任一点 P 的场强分布,并讨论直线为无限长时的极限情况。

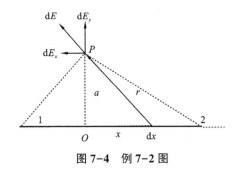

图 7-4　例 7-2 图

解　取 P 点到带电直线的垂足为坐标原点 O,x 轴沿带电直线,y 轴通过 P 点。在带电直线上距原点 O 某一位置 x 处取位置元(线元)dx,得到点电荷元为 $dq = \lambda dx$,从而可写出点电荷元产生的场强

$$dE = \frac{\lambda dx}{4\pi\varepsilon_0 r^2}\hat{r} \tag{7-17}$$

式中: r 为从 dq 指向场点的位置矢量; dE 的方向与 r 相同。设 r 与 x 轴向右正方向的夹角为 θ,则 dE 的两个方向分量大小分别为

$$dE_x = -dE\cos(\pi-\theta) = \frac{\lambda dx\cos\theta}{4\pi\varepsilon_0 r^2} \tag{7-18}$$

$$dE_y = dE\sin(\pi-\theta) = \frac{\lambda dx\sin\theta}{4\pi\varepsilon_0 r^2} \tag{7-19}$$

为了能进一步计算,需要将上两式中的各个变量 r、x、θ 用一个变量来表示,这里选择变量 θ,具体如下

$$r = \frac{a}{\sin(\pi-\theta)} = a\csc\theta, \ x = a\cot(\pi-\theta), \ dx = a\csc^2\theta d\theta \tag{7-20}$$

将式(7-20)代入式(7-18)和式(7-19),分别积分得到

$$E_x = \int_{\theta_1}^{\theta_2} \frac{\lambda \cos\theta}{4\pi\varepsilon_0 a} d\theta = \frac{\lambda}{4\pi\varepsilon_0 a}(\sin\theta_2 - \sin\theta_1) \qquad (7-21)$$

$$E_y = \int_{\theta_1}^{\theta_2} \frac{\lambda \sin\theta}{4\pi\varepsilon_0 a} d\theta = \frac{\lambda}{4\pi\varepsilon_0 a}(\cos\theta_1 - \cos\theta_2) \qquad (7-22)$$

当带电直线为无限长时，$\theta_1 = 0$，$\theta_2 = \pi$，从而可得

$$E_x = 0, \quad E = E_y = \frac{\lambda}{2\pi\varepsilon_0 a} \qquad (7-23)$$

该式表明，无限长带电直线的场强大小与距离 a 成反比，方向垂直于带电直线的轴。当然，无限长的带电直线是不存在的，不过当所求的场点 P 与带电直线两端的距离远大于它到直线的垂直距离时，就可将其看成是一定条件下简化的理想模型，即无限长的带电直线。

例 7-3 如图 7-5 所示，真空中一均匀带电细圆环的总电量为 Q（设 $Q>0$），半径为 R。求圆环轴线上任一点的场强。

解 将圆环分割成许多小的线元 $\mathrm{d}l$，其上所带电量即为电荷元 $\mathrm{d}q$，其在圆环轴线上距离环心为 x 的 P 点产生场强的大小为

$$\mathrm{d}E = \frac{\mathrm{d}q}{4\pi\varepsilon_0 r^2} = \frac{\mathrm{d}q}{4\pi\varepsilon_0(x^2 + R^2)} \qquad (7-24)$$

式中：分母为常数，同时圆环具有轴对称性，因此 y 方向电场分量叠加后为零；P 点电场为 x 方向电场分量的叠加结果。

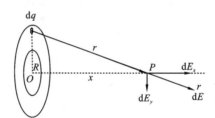

图 7-5 例 7-3 图

$$E = E_x = \int_L \mathrm{d}E\cos\theta = \int_L \frac{x\mathrm{d}q}{4\pi\varepsilon_0(x^2 + R^2)^{3/2}} = \frac{xQ}{4\pi\varepsilon_0(x^2 + R^2)^{3/2}} \qquad (7-25)$$

若 $x=0$，则场强为零，即环心处场强为零。若 $x \gg R$，则式（7-25）变为点电荷场强公式，表明在远离环心处的场强与环上电荷全部集中在环心处的一个点电荷所激发的场强相同。

例 7-4 试计算真空中均匀带电圆盘轴线上与盘心 O 相距 x 的任一点的场强。圆盘半径为 R，电荷面密度为 σ。

解 如图 7-6 所示，在圆盘上任取一半径为 r、宽为 $\mathrm{d}r$ 的细圆环，所带电量为 $\mathrm{d}q = \sigma\mathrm{d}s = \sigma 2\pi r\mathrm{d}r$。根据式（7-25）结果，该带电细圆环在场点 P 所激发的场强大小为

$$\mathrm{d}E = \frac{x\sigma 2\pi r\mathrm{d}r}{4\pi\varepsilon_0(x^2 + r^2)^{3/2}} \qquad (7-26)$$

由于组成圆盘的所有细圆环上的电荷在 P 点所激发的场强的方向都相同，所以 P 点的场强大小为

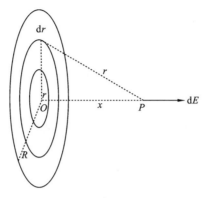

图 7-6 例 7-4 图

$$E = \int dE = \int_0^R \frac{x\sigma 2\pi r dr}{4\pi\varepsilon_0(x^2 + r^2)^{3/2}} = \frac{\sigma}{2\varepsilon_0}\left[1 - \frac{x}{(x^2 + R^2)^{1/2}}\right] \qquad (7-27)$$

若 $x \ll R$，则均匀带电圆盘可视作无限大均匀带电平面，场强大小为

$$E = \frac{\sigma}{2\varepsilon_0} \qquad (7-28)$$

由此可确定，在一无限大均匀带电平面的附近，电场大小恒定，方向垂直于无限大均匀带电平面。若 $x \gg R$，则在远离带电圆盘面的场点的场强与将圆盘面所带总电量集中在盘心的一个点电荷在该点所激发的场强相同。

§7.3 静电场的高斯定理

7.3.1 电场线

为了研究电场的性质，必须知道电场强度的分布情况，为此引入电场线的概念来形象地表示电场。电场线的概念首先是由法拉第提出来的。如果在电场中作一系列曲线，使这些曲线上每一点的切线方向与该点的场强方向一致，这些曲线就叫作**电场线**。

电场强度既有大小，又有方向。为了使电场线不仅能表示场强的方向，而且能反映场强的大小，对电场线做如下规定：**在电场中的任一点，作一与该点场强 E 垂直的面积元 $dS_\perp$，使通过该面积元单位面积的电场线数目 dN 等于该点场强 E 的大小**，即

$$dN = E dS_\perp \qquad (7-29)$$

可知，场强较大的地方电场线较密集，场强较小的地方电场线稀疏，因此电场线的疏密程度反映了电场强弱。图 7-7 是几种典型的带电体系所激发电场的电场线分布图。

静电场中的电场线有如下特点：第一，电场线总是起始于正电荷，终止于负电荷，是不闭合的；第二，任何两条电场线都不能相交，这是因为电场中每一点的场强方向是唯一的。

应当指出，电场线仅是电场的一种几何形象描述，并非电场空间中真有这种线存在，但它可以由实验显示。在玻璃板上撒上一些轻小的花粉或碎头发，在电场的作用下，这些原来杂乱无章的花粉或碎头发就会被极化而首尾相接，大致沿电场方向排列，显示出电场线的分布。

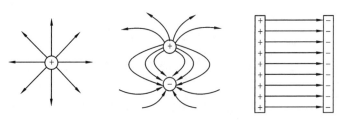

图 7-7 几种典型带电体的电场线

7.3.2 电通量

在电场中取任意曲面 S,通过这个曲面的电场线数目称为通过该曲面 S 的电场强度通量,简称**电通量**,用 Φ_e 表示。

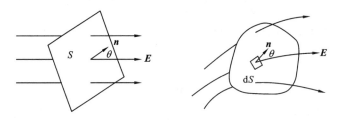

图 7-8 电场中任意曲面的电通量

由式(7-29)可计算电场中任意曲面的电通量,如图 7-8 所示。在均匀电场 E 中,若平面 S 的法线 n 与 E 的夹角为 θ,则通过平面 S 的电通量等于

$$\Phi_e = ES\cos\theta = E \cdot S \qquad (7\text{-}30)$$

式中: $S = Sn$,为有向面积。

若 S 不是平面而是任意曲面,且电场 E 也不是均匀的,这时可将曲面 S 划分为无穷多个极小的面积元,每个面积元都可视为一个小平面且每个面积元上的场强 E 是均匀的。任取一个面积元 dS,其法线方向矢量 n 与场强 E 的夹角为 θ,则通过该面积元的电通量为

$$d\Phi_e = EdS\cos\theta = E \cdot dS \qquad (7\text{-}31)$$

式中: $dS = dSn$,为有向面积元。通过曲面的总电通量等于曲面上所有面积元电通量的总和,即

$$\Phi_e = \int E \cdot dS = \int EdS\cos\theta \qquad (7\text{-}32)$$

如果曲面 S 是闭合的,则通过它的电通量为

$$\Phi_e = \oint_S E \cdot dS \qquad (7\text{-}33)$$

对于闭合曲面,通常规定面积元的法线正方向由曲面内指向曲面外,因此电场线从曲面内向外穿出的地方,电通量为正;电场线从外部穿入曲面的地方,电通量为负。

7.3.3 静电场中的高斯定理

高斯定理给出了电场中通过任一闭合面的电通量与闭合面内所包围的电荷之间的关系。

1. 以点电荷 q 为球心的球面的电通量

如图 7-9 所示，点电荷球面上任一点场强的大小相同 [式(7-7)]，场强 E 的方向沿半径呈辐射状，即球面上任一点的场强方向与该点处的有向面积元 dS 的方向一致。因此，通过该球面的电通量为

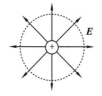

图 7-9　点电荷的电通量

$$\Phi_e = \oint_s \boldsymbol{E} \cdot \mathrm{d}\boldsymbol{S} = \oint_s \frac{q}{4\pi\varepsilon_0 R^2}\mathrm{d}S = \frac{q}{\varepsilon_0} \qquad (7\text{-}34)$$

式(7-34)表明通过闭合球面的电通量与它所包围电荷的电量成正比，与球面半径无关。这也意味着，对以点电荷 q 为中心的任意球面，其电通量均为 q/ε_0，通过各球面电场线的数目亦均相等，从点电荷 q 发出的电场线连续地延伸到无限远处。

2. 包围点电荷 q 的任意闭合面的电通量

设想另一个任意的闭合曲面与球面包围同一个点电荷 q，如图 7-10 所示，根据电场线的性质，通过闭合曲面和球面的电场线数目是一样的，因此通过任意形状的包围点电荷 q 的闭合曲面的电通量都等于 q/ε_0。

3. 不包围点电荷 q 的任意闭合面的电通量

如果闭合曲面不包围点电荷 q，如图 7-11 所示，可以看出由曲面一侧进入的电场线条数等于从曲面的另一侧穿出的电场线条数，因此通过曲面的电场线净条数为零，即通过该曲面的电通量为零。

图 7-10　任意闭合曲面与球面
包围同一个点电荷

图 7-11　闭合曲面不包围点电荷

4. 点电荷系所在空间中任一闭合曲面的电通量

如果电场是由多个点电荷共同激发的，则可根据场强叠加原理以及电荷位置与闭合曲面的关系来计算电通量。任一点的场强等于各个点电荷单独存在时在该点所激发的场强的矢量和，那么通过任意闭合曲面 S 的电通量为

$$\Phi_e = \oint_s \boldsymbol{E} \cdot \mathrm{d}\boldsymbol{S} = \oint_s \left(\sum \boldsymbol{E}_内 + \sum \boldsymbol{E}_外 \right) \cdot \mathrm{d}\boldsymbol{S} = \oint_s \sum \boldsymbol{E}_内 \cdot \mathrm{d}\boldsymbol{S} + \oint_s \sum \boldsymbol{E}_外 \cdot \mathrm{d}\boldsymbol{S} \quad (7\text{-}35)$$

式中：$\boldsymbol{E}_内$、$\boldsymbol{E}_外$ 分别为闭合曲面内、外电荷产生的场强。根据前面讨论的三种情况，当点电荷

在闭合曲面内时，电通量为 q/ε_0；当点电荷在闭合曲面外时，电通量为零。所以上式可写作

$$\Phi_e = \oint_S \boldsymbol{E} \cdot \mathrm{d}\boldsymbol{S} = \frac{1}{\varepsilon_0}\sum q_i + 0 = \frac{1}{\varepsilon_0}\sum q_i \tag{7-36}$$

式 (7-36) 就是真空中静电场的**高斯定理**。它表明：真空中通过静电场空间的任一闭合曲面 S 的电通量等于包围在该闭合曲面内电荷代数和的 $1/\varepsilon_0$ 倍，与闭合曲面外的电荷无关。高斯定理中的闭合曲面也叫作**高斯面**，场强 $\boldsymbol{E}$ 是高斯面上各点处的场强，它是由高斯面内外的所有电荷共同产生的。此外，**高斯定理表明静电场是有源场**。

7.3.4　高斯定理的应用

应用高斯定理可以简便地求出电荷分布具有某些对称性的带电体的电场强度，它是求解场强的第二种方法。是否能用高斯定理求解场强的关键在于带电体电荷分布是否具有对称性，因为只有电荷分布具有对称性才可能使电场具有对称性，对称性电场才可能选取合适的高斯面，以便电通量积分中的矢量 $\boldsymbol{E}$ 能以标量形式从积分号内提出来，从而使含有矢量 $\boldsymbol{E}$ 的积分方程变为关于电场强度大小与高斯面内的电荷关系的代数方程。

例 7-5　求真空中均匀带电球体的场强分布。已知球的半径为 R，所带的总电量为 $Q(Q>0)$，电荷体密度为 ρ。

解　由于带电体是球体且为均匀带电，故它在球内外所激发的电场应具有球对称性，即各点场强的方向沿半径方向，与带电球体同心的球面上各点的场强大小相同。

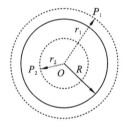

图 7-12　例 7-5 图

如图 7-12 所示，要求球外任一点 P_1 及球内任一点 P_2 的场强，可分别过这两点求半径为 r_1 和 r_2 的球形高斯面。对于球外的 P_1 点，根据高斯定理可得

$$\oint_S \boldsymbol{E} \cdot \mathrm{d}\boldsymbol{S} = \oint_S E\mathrm{d}S = E\oint_S \mathrm{d}S = E \times 4\pi r_1^2 = \frac{Q}{\varepsilon_0} \tag{7-37}$$

从而可得场强大小为

$$E = \frac{Q}{4\pi\varepsilon_0 r_1^2}(r_1>R) \tag{7-38}$$

对于球内的 P_2 点，先计算高斯面内的电荷量

$$Q_2 = \rho\frac{4}{3}\pi r_2^3 = \frac{Q}{\frac{4}{3}\pi R^3}\frac{4}{3}\pi r_2^3 = \frac{r_2^3}{R^3}Q \tag{7-39}$$

根据高斯定理可得

$$\oint_S \boldsymbol{E} \cdot \mathrm{d}\boldsymbol{S} = \oint_S E\mathrm{d}S = E\oint_S \mathrm{d}S = E4\pi r_2^2 = \frac{Q_2}{\varepsilon_0} = \frac{Qr_2^3}{\varepsilon_0 R^3} \tag{7-40}$$

从而可得场强大小为

$$E = \frac{Qr_2}{4\pi\varepsilon_0 R^3}(r_2<R) \tag{7-41}$$

当 $r_1 = r_2 = R$ 时，场强大小为

$$E = \frac{Q}{4\pi\varepsilon_0 R^2} \tag{7-42}$$

根据电场分布的球对称性，各场强的方向都沿径向。读者可以试着以本例为基础，计算带电球面的场强分布。

例 7-6　试求一无限长的带电直线的场强。设电荷线密度为 λ。

解　带电直线周围空间的场强分布具有轴对称性，即在与带电直线垂直距离相等的各点处，场强的大小均相等，方向均与带电直线垂直。根据对称性过场外任一点 P 作一半径为 r、高度为 l 的圆柱形高斯面，如图 7-13 所示。

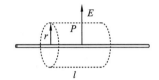

图 7-13　例 7-6 图

根据高斯定理可得

$$\oint_S \boldsymbol{E} \cdot \mathrm{d}\boldsymbol{S} = \int_{底面} \boldsymbol{E} \cdot \mathrm{d}\boldsymbol{S} + \int_{侧面} \boldsymbol{E} \cdot \mathrm{d}\boldsymbol{S} = 0 + E\int_{侧面} \mathrm{d}\boldsymbol{S} = E2\pi r l = \frac{Q}{\varepsilon_0} = \frac{\lambda l}{\varepsilon_0} \tag{7-43}$$

其中，底面电通量由于场强与底面法线方向垂直而为零，侧面电通量由于场强与侧面法线方向平行而变为代数积分，同时场强大小不变可提到积分号外面去。

从而可得场强大小为

$$E = \frac{\lambda}{2\pi\varepsilon_0 r} \tag{7-44}$$

场强方向垂直于带电直线。

例 7-7　试求一无限长的均匀带电圆柱体的内、外场强。设圆柱体截面半径为 R，电荷体密度为 ρ。

解　带电圆柱体的电荷分布具有轴对称性，其空间的场强分布亦是轴对称的，如图 7-14 所示，沿均匀带电圆柱体的内外任一点分别作半径为 r_1、长度为 l_1 和半径为 r_2、长度为 l_2 的两个高斯面。

对于带电圆柱体外场强，根据高斯定理可得

$$\oint_S \boldsymbol{E} \cdot \mathrm{d}\boldsymbol{S} = \int_{底面} \boldsymbol{E} \cdot \mathrm{d}\boldsymbol{S} + \int_{侧面} \boldsymbol{E} \cdot \mathrm{d}\boldsymbol{S} = E2\pi r_1 l_1 = \frac{\rho\pi R^2 l_1}{\varepsilon_0} \tag{7-45}$$

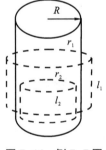

图 7-14　例 7-7 图

从而可得场强大小为

$$E = \frac{\rho R^2}{2\varepsilon_0 r_1}(r_1 > R) \tag{7-46}$$

对于带电圆柱体内场强，根据高斯定理可得

$$\oint_S \boldsymbol{E} \cdot \mathrm{d}\boldsymbol{S} = \int_{底面} \boldsymbol{E} \cdot \mathrm{d}\boldsymbol{S} + \int_{侧面} \boldsymbol{E} \cdot \mathrm{d}\boldsymbol{S} = E2\pi r_2 l_2 = \frac{\rho\pi r_2^2 l_2}{\varepsilon_0} \tag{7-47}$$

从而可得场强大小为

$$E = \frac{\rho r_2}{2\varepsilon_0}(r_2 \leqslant R) \tag{7-48}$$

根据电场分布的轴对称性，各场强的方向均沿径向。

例 7-8   试求电荷面密度为 σ 的一无限大均匀带电平面所激发的电场。

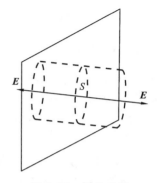

解   无限大均匀带电平面所激发的电场具有平面对称性，即在无限大均匀带电平面两侧，与其垂直距离相等的各点处的场强大小是相等的，方向处处与带电平面垂直，并指向两侧。

如图 7-15 所示，将高斯面取成侧面与带电平面垂直、底面与带电平面平行且等距的圆筒面，底面的面积均为 S。根据高斯定理可得

图 7-15   例 7-8 图

$$\oint_S \boldsymbol{E} \cdot \mathrm{d}\boldsymbol{S} = \int_{底面} \boldsymbol{E} \cdot \mathrm{d}\boldsymbol{S} + \int_{侧面} \boldsymbol{E} \cdot \mathrm{d}\boldsymbol{S} = 2ES + 0 = \frac{\sigma S}{\varepsilon_0} \qquad (7\text{-}49)$$

从而可得场强大小为

$$E = \frac{\sigma}{2\varepsilon_0} \qquad (7\text{-}50)$$

场强方向处处与带电平面垂直，并指向两侧。

通过以上这些例子可以看出，场源电荷分布分别具有球对称性、轴对称性、面对称性，使其电场分布分别具有相应的对称性，可以通过做适当的高斯面，并利用高斯定理求解场强的分布。对于不具备对称性的带电体的电场，是不能由高斯定理求场强的。

§7.4   静电场力的功   电势能   电势

7.4.1   静电场的功

如图 7-16 所示，在点电荷 q 的静电场中，试验电荷 q_0 沿任意路径从 a 移动到 b 时，静电场力将对其做功。由于沿着任意路径方向静电场力为变力，因此计算做功要用变力做功，为此在路径上任取一元位移 $\mathrm{d}\boldsymbol{l}$，并设点电荷在试验电荷所在处的场强为 $\boldsymbol{E}$，矢径为 $\boldsymbol{r}$。元位移对应的元功为

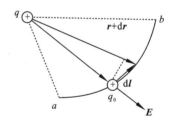

图 7-16   静电场的功

$$\mathrm{d}A = q_0 \boldsymbol{E} \cdot \mathrm{d}\boldsymbol{l} = q_0 E \mathrm{d}l \cos\theta = \frac{q_0 q}{4\pi\varepsilon_0 r^2}\mathrm{d}r \qquad (7\text{-}51)$$

从 a 移动到 b 静电力做的功大小为

$$A = \int_L \mathrm{d}A = \int_a^b \frac{q_0 q}{4\pi\varepsilon_0 r^2}\mathrm{d}r = -\frac{q_0 q}{4\pi\varepsilon_0}\left(\frac{1}{r_b} - \frac{1}{r_a}\right) \qquad (7\text{-}52)$$

式 (7-52) 表明，在点电荷 q 的静电场中，静电场力对试验电荷 q_0 所做的功仅与路径始、末两点的位置有关，而与路径无关。

一般情况下电场并非由单个点电荷所激发，此时可将激发场的带电体看成是许多电荷元

的集合，每一电荷元都可视作点电荷。试验电荷 q_0 从 a 点沿任意路径移动到 b 点时，静电场力对其所做的功为

$$A = q_0 \int_L \sum_i \boldsymbol{E}_i \cdot \mathrm{d}\boldsymbol{l} = \sum_i q_0 \int_L \boldsymbol{E}_i \cdot \mathrm{d}\boldsymbol{l} = \sum_i A_i \tag{7-53}$$

由于式(7-53)右边求和项中的每一项 A_i 都仅与路径的始、末两点的位置有关，而与路径无关，所以总场强对应的静电场力做功也与路径无关。

综上可得以下结论：**试验电荷在任何静电场中移动时，静电场力所做的功只与试验电荷电量的大小以及所经路径的起点和终点位置有关，而与路径无关。这说明，静电场力是保守力，静电场是保守场。**

7.4.2 静电场的环路定理

假设试验电荷在静电场中从某点出发，经过任一闭合回路 L 又回到原来的位置，则由式(7-53)可知此时静电场力所做的功为零，亦即

$$\oint_L q_0 \boldsymbol{E} \cdot \mathrm{d}\boldsymbol{l} = 0 \tag{7-54}$$

因为试验电荷不为零，因此有

$$\oint_L \boldsymbol{E} \cdot \mathrm{d}\boldsymbol{l} = 0 \tag{7-55}$$

式(7-55)左边是场强 $\boldsymbol{E}$ 沿任一闭合路径 L 的积分，称为电场强度 $\boldsymbol{E}$ 沿闭合路径 L 的**环流**。在静电场中，电场强度 $\boldsymbol{E}$ 沿任一闭合回路的环流等于零，这一重要规律称为**静电场环路定理**，它表明**静电场是无旋场**。

7.4.3 电势能

力学中对于保守力场可引入相应的势能，如重力势能、弹性势能、引力势能等，且保守力所做的功等于相应势能增量的负值。既然静电场力是保守力，静电场是保守场，因此也可以引入相应的势能，这个势能称为**电势能**。试验电荷 q_0 在静电场中的一定位置具有一定的电势能，而**静电场力对试验电荷所做的功等于相应的电势能增量的负值。**

若以 E_{pa} 和 E_{pb} 分别表示试验电荷 q_0 在静电场空间中 a 点和 b 点处的电势能，则当试验电荷 q_0 在电场空间中从 a 点沿任意路径移动到 b 点的过程中，静电场力对它所做的功为

$$W = \int_a^b q_0 \boldsymbol{E} \cdot \mathrm{d}\boldsymbol{l} = -\left(E_{pb} - E_{pa} \right) \tag{7-56}$$

电势能亦是一个相对量，求电势能也必须先选择一个参照点，并设该点的电势能为零。零势能点可根据问题适当选取，在式(7-56)中，若选择试验电荷 q_0 在 b 点的电势能为零，则试验电荷在 a 点处的电势能为

$$E_{pa} = \int_a^b q_0 \boldsymbol{E} \cdot \mathrm{d}\boldsymbol{l} \tag{7-57}$$

即试验电荷在静电场空间中某点处的电势能，在数值上等于将它从该点沿任意路径移至电势能零点的过程中静电场力所做的功。

通常情况下，若场源电荷在有限大小的区域内分布，则规定无穷远处电势能为零，即 $E_{pb} = E_\infty = 0$，此时，试验电荷在 a 点处的电势能为

$$E_{pa} = \int_a^\infty q_0 \boldsymbol{E} \cdot \mathrm{d}\boldsymbol{l} \tag{7-58}$$

与其他任何形式的势能一样,电势能是试验电荷和产生电场的源电荷所组成的系统所共有的。

7.4.4　电势　电势差

由式(7-58)可知,试验电荷 q_0 在静电场空间中某点 a 处的电势能 E_{pa} 不仅与电场的性质及 a 点的位置有关,而且还与试验电荷电量有关。电势能 E_{pa} 与试验电荷 q_0 的比值,是表征电场性质的一个物理量,称为 a 点的**电势**,用 U_a 表示,即

$$U_a = \frac{E_{pa}}{q_0} = \int_a^\infty \boldsymbol{E} \cdot \mathrm{d}\boldsymbol{l} \tag{7-59}$$

电势的零点和电势能的零点相同,即规定无穷远处的电势为零。电势是一个标量,在国际单位制中,电势的单位为伏特(V)。

对比式(7-59)和式(7-58)可看出,若规定无穷远处为电势零点,则静电场中某点 a 处的电势在数值上等于将单位正电荷从该点沿任意路径移到无穷远处时静电场力所做的功,亦等于处在 a 点的单位正电荷所具有的电势能。

在静电场中,任意两点 a 和 b 间的电势之差称为两点间的电势差,通常也叫作电压,用 U_{ab} 表示,即

$$U_{ab} = \int_a^b \boldsymbol{E} \cdot \mathrm{d}\boldsymbol{l} \tag{7-60}$$

这表明静电场中 a, b 两点间的电势差在数值上等于将单位正电荷从 a 点沿任意路径移到 b 点的过程中静电场力所做的功。因此,如果知道了两点间的电势差,就可求得将任一电荷从 a 点移到 b 点的过程中静电场力所做的功,即 $W = q_0 U_{ab}$。

7.4.5　电势叠加原理

1. 点电荷电场的电势

根据电势的定义,选取无穷远处为电势零点,电场空间中与点电荷 q 的距离为 r 的任一点 P 处的电势为

$$U_P = \int_P^\infty \boldsymbol{E} \cdot \mathrm{d}\boldsymbol{l} = \int_P^\infty E\mathrm{d}r = \int_P^\infty \frac{q}{4\pi\varepsilon_0 r^2}\mathrm{d}r = \frac{q}{4\pi\varepsilon_0 r} \tag{7-61}$$

2. 点电荷系电场的电势

如果电场是由多个点电荷所共同激发的,则电场中任一点 P 处的电势为

$$U_P = \sum_i U_{P_i} = \sum_i \int_P^\infty \boldsymbol{E}_i \cdot \mathrm{d}\boldsymbol{l} = \sum_i \frac{q_i}{4\pi\varepsilon_0 r_i} \tag{7-62}$$

式(7-62)表明,点电荷系所激发电场中某一点的电势等于各点电荷单独存在时在该点产生电势的代数和。这一结论称为静电场的电势叠加原理。

3. 连续分布带电体电场的电势

如果带电体的电荷是连续分布的,所带电荷可看成是无穷多个电荷元 $\mathrm{d}q$ 的集合,假设它到场点 P 的距离为 r,由电荷元 $\mathrm{d}q$ 在 P 点产生的电势为

$$\mathrm{d}U_P = \frac{\mathrm{d}q}{4\pi\varepsilon_0 r} \tag{7-63}$$

根据电势叠加原理,连续分布带电体在 P 点产生的电势等于所有电荷元在该点产生的电势的代数和,即用积分表示为

$$U_P = \int_P^\infty \frac{\mathrm{d}q}{4\pi\varepsilon_0 r} \tag{7-64}$$

要注意,源电荷应该在有限大小的区域内分布,且选取无穷远处为电势零点。

7.4.6 电势的计算

电势的计算方法通常有两种:一种是已知电荷的分布,利用点电荷的电势公式及电势叠加原理求电势;另一种是已知场强的分布,利用电势与场强的积分关系来计算电势。下面举例介绍电势的计算方法。

例 7-9　计算电偶极子轴线和中垂线上任一点的电势。

解　如图 7-17 所示,由点电荷电场的电势公式及电势叠加原理,电偶极子在轴线上任一点 P_1 处产生的电势为

$$U_{P_1} = \frac{q}{4\pi\varepsilon_0\left(r_1+\dfrac{l}{2}\right)} - \frac{q}{4\pi\varepsilon_0\left(r_1-\dfrac{l}{2}\right)} = -\frac{ql}{4\pi\varepsilon_0\left(r_1^2-\dfrac{l^2}{4}\right)} \tag{7-65}$$

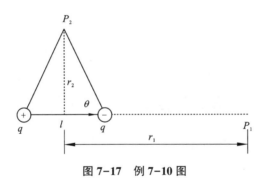

图 7-17　例 7-10 图

电偶极子在中垂线上任一点 P_2 处产生的电势为

$$U_{P_2} = \frac{q}{4\pi\varepsilon_0\left(r_2^2+\dfrac{l^2}{4}\right)^{1/2}} - \frac{q}{4\pi\varepsilon_0\left(r_2^2+\dfrac{l^2}{4}\right)^{1/2}} = 0 \tag{7-66}$$

例 7-10　一均匀带电细圆环,半径为 R,所带总电量为 Q(设 $Q>0$),求圆环轴线上与环心相距为 x 处 P 点的电势。

解　如图 7-18 所示,在圆环上任取一电荷元 $\mathrm{d}q$,从而可得圆环在 P 点产生的电势为

$$U_P = \int \mathrm{d}U_P = \int \frac{\mathrm{d}q}{4\pi\varepsilon_0(R^2+x^2)^{1/2}} = \frac{Q}{4\pi\varepsilon_0(R^2+x^2)^{1/2}} \tag{7-67}$$

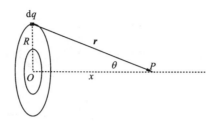

图 7-18   例 7-10 图

例 7-11   求均匀带电球面的电势分布。已知球面半径为 R，所带总电量为 $Q(Q>0)$。

解   均匀带电球面在空间激发的电场用高斯定理可以求得，场强大小分别为 $E = \dfrac{Q}{4\pi\varepsilon_0 r^2}$ $(r \geqslant R)$ 及 $E = 0 (r<R)$，方向沿半径方向。

利用电势与场强的积分关系即式(7-58)，选取无穷远处为电势零点，并将积分路径选择为沿径向，则与球心距离为 r 的 P 点处的电势为

$$U_P = \int_P^{\infty} \boldsymbol{E} \cdot \mathrm{d}\boldsymbol{l} = \int_r^{\infty} E \mathrm{d}r \tag{7-68}$$

球面内任一点的电势为

$$U_P = \int_r^{\infty} E \mathrm{d}r = \int_r^R 0 \mathrm{d}r + \int_R^{\infty} \frac{Q}{4\pi\varepsilon_0 r^2} \mathrm{d}r = \frac{Q}{4\pi\varepsilon_0 R} \ (r \leqslant R) \tag{7-69}$$

球面外任一点的电势为

$$U_P = \int_r^{\infty} E \mathrm{d}r = \int_r^{\infty} \frac{Q}{4\pi\varepsilon_0 r^2} \mathrm{d}r = \frac{Q}{4\pi\varepsilon_0 r} \ (r > R) \tag{7-70}$$

§7.5   等势面   电场强度与电势的微分关系

7.5.1   等势面

电场的空间分布可用电场线来描绘，同样对于电势也可以使用图示的方法描绘，一般把电场中电势相等的点所连成的面称为**等势面**。不同的带电体，电荷分布不同，等势面的形状也不相同。图 7-19 中分别画出了点电荷、电偶极子和任一导体的电场线及等势面的分布情况，给出了电场线与等势面的关系。

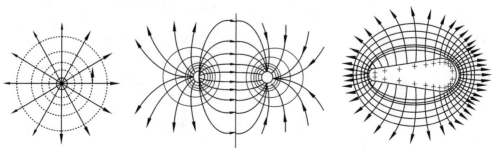

图 7-19   电场线与等势面的关系

静电场中的等势面具有如下性质：

（1）**沿着等势面移动电荷时，静电场力不做功。**

点电荷在等势面上移动时，由于始、末位置在同一等势面上，因此两位置电势差为零，静电场力所做的功亦为零。

（2）**电场线与等势面处处正交。**

假设点电荷在等势面上发生一元位移 dl，此时静电场力所做的功为零，从而有 $E \cdot dl = 0$，即 $E \perp dl$。因为 dl 为等势面上的任一元位移，因此 E 与等势面上的任一元位移都垂直，故 E 与等势面垂直，也就是说电场线与等势面处处正交。

（3）**等势面较密的区域，电场较强；等势面较疏的区域，电场较弱。**

为了使等势面能反映出电场的强弱，在做等势面时，规定任意两相邻的等势面间的电势差都相同。因此等势面较密的区域，电场较强，反之则电场较弱。

（4）**电场线指向电势降低的方向。**

7.5.2　电场强度与电势的微分关系

电场强度和电势都是描述静电场性质的物理量，因此两者之间必然有着密切的联系。式（7-67）反映了两者之间的积分关系，反过来这两者之间也存在着微分关系。

如图 7-20 所示，在任意静电场中取两个相距很近的等势面，它们的电势分别为 U 和 $U+dU$。在两等势面上分别取 a、b 两点，一正电荷从 a 点沿元位移 dl 移到 b 点，静电场力所做的功为

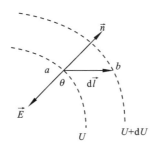

图 7-20　电场与电势的关系

$$W = -q_0 \left[(U+dU) - U \right] = q_0 E \cdot dl \tag{7-71}$$

可得

$$-dU = Edl\cos\theta = E_l dl \tag{7-72}$$

式中：E_l 为场强 E 在 dl 方向的投影，最终可得到

$$E_l = -\frac{dU}{dl} \tag{7-73}$$

式（7-73）右边是电势 U 沿 dl 方向对空间的变化率，数学上称为电势 U 沿 dl 方向的方向导数。上式还表明，静电场中的场强在任一方向的投影等于电势沿该方向的方向导数的负值，负号表明场强指向电势降低的方向。

若 dl 沿 $\hat{n}$ 方向，则有

$$E = -\frac{\mathrm{d}U}{\mathrm{d}n}\hat{n} = -\nabla U \tag{7-74}$$

该式表明：**静电场中任意一点的场强等于该点电势梯度的负值，这一结论称为电场强度与电势的微分关系**。其中 ∇U(或 $\mathrm{grad}U$)称为电势梯度，∇矢量算符称为梯度算符，在国际单位制中电势梯度的单位为伏特每米(V/m)，场强也常用这一单位。

在直角坐标系中，场强 E 和电势 U 的关系可表示为

$$E = -\nabla U = -\left(\frac{\partial U}{\partial x}\boldsymbol{i} + \frac{\partial U}{\partial y}\boldsymbol{j} + \frac{\partial U}{\partial z}\boldsymbol{k}\right) \tag{7-75}$$

场强分量相应为

$$E_x = -\frac{\partial U}{\partial x}, \quad E_y = -\frac{\partial U}{\partial y}, \quad E_z = -\frac{\partial U}{\partial z} \tag{7-76}$$

式(7-75)和式(7-76)是求解电场强度的第三种方法。与场强 E 相比，求电势 U 相对容易，在实际计算中可以先求电势 U，然后利用场强与电势的微分关系求场强矢量 E。

例 7-12 均匀带电圆板半径为 R，电荷面密度为 σ。试根据其轴线上任一点的电势求出产生的场强。

解 从式(7-67)出发，可求得均匀带电圆板轴线上任一点的电势为

$$U = \frac{\sigma}{2\varepsilon_0}(\sqrt{x^2 + R^2} - x) \tag{7-77}$$

电势只与 x 位置有关，由式(7-76)可得

$$E_x = -\frac{\mathrm{d}U}{\mathrm{d}x} = \frac{\sigma}{2\varepsilon_0}\left(1 - \frac{x}{\sqrt{x^2 + R^2}}\right)$$

该式与用点电荷场强及叠加原理计算得到结果即式(7-27)完全一致。

📝 本章小结

(1) 电荷：$e = 1.6 \times 10^{-19}$ C。

(2) 库仑定律：$\boldsymbol{F} = \frac{1}{4\pi\varepsilon_0}\frac{q_1 q_2}{r^2}\hat{r}$。

(3) 电场强度：$\boldsymbol{E} = \frac{\boldsymbol{F}}{q_0}$。

(4) 场强叠加原理：$\boldsymbol{E} = \sum_i \boldsymbol{E}_i$(矢量和)。

(5) 点电荷产生的场强：$\boldsymbol{E} = \frac{1}{4\pi\varepsilon_0}\frac{q}{r^2}\hat{r}$(球对称性)。

(6) 点电荷系产生的场强：$\boldsymbol{E} = \sum_i \frac{1}{4\pi\varepsilon_0}\frac{q_i}{r_i^2}\hat{r}_i$。

(7) 电偶极矩：$\boldsymbol{p} = q\boldsymbol{l}$。

(8) 无限长带电直线的场强大小：$E = \frac{\lambda}{2\pi\varepsilon_0 a}$。

（9）无限大均匀带电平面的场强大小：$E = \dfrac{\sigma}{2\varepsilon_0}$。

（10）电场线：疏密程度反映了电场强弱。

（11）电通量：$\Phi_e = \oint_S \boldsymbol{E} \cdot \mathrm{d}\boldsymbol{S}$。

（12）静电场中的高斯定理：$\oint_S \boldsymbol{E} \cdot \mathrm{d}\boldsymbol{S} = \dfrac{1}{\varepsilon_0}\sum q_i$。

（13）高斯定理的应用：求电荷分布具有某些对称性的带电体的电场强度。

（14）球对称性带电体的电通量定式：$E4\pi r^2$。

（15）静电力做的功大小：$A = -\dfrac{q_0 q}{4\pi\varepsilon_0}\left(\dfrac{1}{r_b} - \dfrac{1}{r_a}\right)$。

（16）静电场的环路定理：$\oint_L \boldsymbol{E} \cdot \mathrm{d}\boldsymbol{l} = 0$。

（17）电势能：$E_{pa} = \int_a^\infty q_0 \boldsymbol{E} \cdot \mathrm{d}\boldsymbol{l}$。

（18）电势：$U_a = \dfrac{E_{pa}}{q_0} = \int_a^\infty \boldsymbol{E} \cdot \mathrm{d}\boldsymbol{l}$。

（19）电势叠加原理：$U_P = \int_P^\infty \dfrac{\mathrm{d}q}{4\pi\varepsilon_0 r}$。

（20）场强度与电势的微分关系：$\boldsymbol{E} = -\dfrac{\mathrm{d}U}{\mathrm{d}n}\hat{n} = -\nabla U$。

 练习题

▶ **基础练习**

1. 在真空中有两个完全相同的金属小球，带电荷分别为 $-q_1$ 和 $+q_2$，相距 r 时，其相互作用力大小为 F；今将两小球接触一下再相距 r，这时相互作用力大小为 $F/3$，则两球原来带电荷量大小的关系是（　　）。

　　A. $q_1 : q_2 = 1 : 2$　　　　B. $q_1 : q_2 = 2 : 1$　　　　C. $q_1 : q_2 = 3 : 1$　　　　D. $q_1 : q_2 = 1 : 3$

2. 关于电场的性质正确的是（　　）。

　　A. 电场强度大的地方，电势一定高

　　B. 正点电荷产生的电场中电势都为正

　　C. 匀强电场中，两点间的电势差只与两点间距离成正比

　　D. 电场强度大的地方，沿场强方向电势变化快

3. 关于电场力的功及电势能变化情况正确的是（　　）。

　　A. 电场中某点电势的大小等于电场力将单位正电荷从该点移到零电势点电场力所做的功

　　B. 电场中某点的电势大小等于单位正电荷在该点所具有的电势能

　　C. 在电场中无论移动正电荷还是负电荷，只要电场力做正功，电荷电势能都要减少

　　D. 正电荷沿电场线方向移动，电势能减少；负电荷沿电场线方向移动，电势能增加

4.在静电场中,将一个电子由 a 点移到 b 点,电场力做功 5 eV,下面判断中正确的是(   )。

A.电场强度的方向一定由 b 指向 a

B.电子的电势能减少了 5 eV

C.a、b 两点电势差 $U_{ab}=5$ V

D.电势零点未确定,故 a、b 两点的电势没有确定值

5.真空中,有两个带同种电荷的点电荷 A、B,A 带电荷 $9×10^{-10}$ C,B 带电荷是 A 的 4 倍。A、B 相距 12 cm,现引入点电荷 C,使 A、B、C 三个点电荷都处于静止状态,则 C 的位置为_____,C 的电荷为_____。

6.将一个 10^{-6} C 的负电荷从电场中 A 点移到 B 点,克服电场力做功 $2×10^{-6}$ J。从 C 点移到 D 点,电场力做功 $7×10^{-6}$ J,若已知 B 点比 C 点电势高 3 V,则 $U_{DA}=$_____V。

7.如图 7-21 所示,地面上某区域存在着匀强电场,其等势面与地面平行等间距。一个质量为 m、电荷量为 q 的带电小球以水平方向的初速度 v_0 由等势线上的 O 点进入电场区域,经过时间 t,小球由 O 点到达同一竖直平面上的另一等势线上的 P 点。已知连线 OP 与水平方向呈 45°夹角,重力加速度为 g,则 OP 两点的电势差为多少?

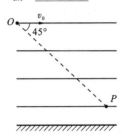

图 7-21　基础练习第 7 题图

▶ **综合进阶**

1.如图 7-22 所示,空间有一电场,电场中有两个点 a 和 b,下列表述正确的是(   )。

A.该电场是匀强电场　　　　　　　　B.a 点的电场强度比 b 点的大

C.a 点的电势比 b 点的高　　　　　　D.正电荷在 a、b 两点受力方向相同

2.如图 7-23 所示,空中有两个等量的正电荷 q_1 和 q_2,分别固定于 A、B 两点,DC 为 AB 连线的中垂线,C 为 A、B 两点连线的中点,将一正电荷 q_3 由 C 点沿着中垂线移至无穷远处的过程中,下列结论正确的有(   )。

A.电势能逐渐减小

B.电势能逐渐增大

C.q_3 受到的电场力逐渐减小

D.q_3 受到的电场力逐渐增大

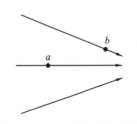

图 7-22　综合进阶第 1 题图

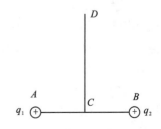

图 7-23　综合进阶第 2 题图

3. 如图 7-24 所示，a、b、c 为电场中同一条水平方向电场线上的三点，c 为 ab 的中点，a、b 电势分别为 $\varphi_a = 5$ V、$\varphi_b = 3$ V。下列叙述正确的是(　　)。

A. 该电场在 c 点处的电势一定为 4 V

B. a 点处的场强 E_a 一定大于 b 点处的场强 E_b

C. 一正电荷从 c 点运动到 b 点电势能一定减少

D. 一正电荷运动到 c 点时受到的静电力由 c 指向 a

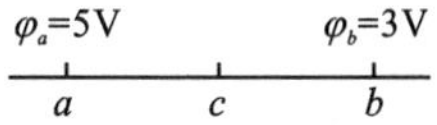

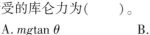

图 7-24　综合进阶第 3 题图

4. 两个质量都是 m 的相同小球，用等长的细线悬挂于同一点，如图 7-25 所示，若使它们带上等值同号的电荷，平衡时两线之间的夹角为 2θ，当小球的半径可以忽略不计时，则每个小球所受的库仑力为(　　)。

A. $mg\tan\theta$　　　　　　B. $mg\sin\theta$

C. $mg\cos\theta$　　　　　　D. mg

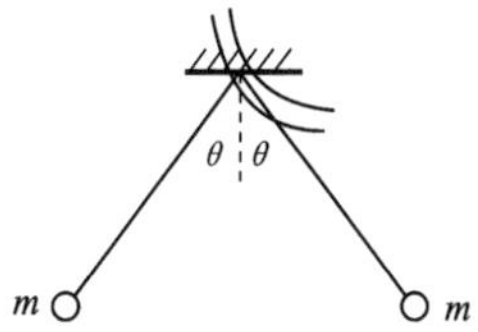

图 7-25　综合进阶第 4 题图

5. 由高斯定理可知，下列说法中正确的是(　　)。

A. 高斯面内不包围电荷，则面上各点的 E 处处为零

B. 高斯面上各点的 E 与面内电荷有关，与面外电荷无关

C. 穿过高斯面的 E 通量，仅与面内电荷有关

D. 穿过高斯面的 E 通量为零，则面上各点的 E 必为零

6. 如果通过闭合面 S 的电通量 Φ_e 为零，则可以肯定(　　)。

A. 面 S 上每一点的场强都等于零

B. 面 S 上每一点的场强都不等于零

C. 面 S 内没有电荷

D. 面 S 内没有净电荷

7. 如图 7-26 所示的绝缘细线上均匀分布着线密度为 λ 的正电荷，两直导线的长度和半圆环的半径都等于 R。试求环中心 O 点处的场强(　　)。

A. $\dfrac{-\lambda}{2\pi\varepsilon_0 R}$　　　　　　B. $\dfrac{-\lambda}{\pi\varepsilon_0 R}$

C. $\dfrac{\lambda}{2\pi\varepsilon_0}\ln 2 + \dfrac{\lambda}{4\varepsilon_0}$　　　D. $\dfrac{\lambda}{\pi\varepsilon_0}\ln 2 + \dfrac{\lambda}{2\varepsilon_0}$

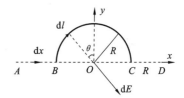

图 7-26　综合进阶第 7 题图

8. 一个均匀带正电的橡胶气球在被吹大过程中，一直在气球内部的场点 P 处场强_____，电势_____；一直在球面外的场点 P' 处场强_____，电势_____。(填变大、变小或不变)

9. 设真空中有一无限长均匀带电直线，其电荷线密度为 λ，则在线外距线为 r 的 P 点的电场强度的大小为_____。

10. 两个平行的"无限大"均匀带电平面，其电荷面密度分别为 $+\sigma$ 和 $-\sigma$，如图 7-27 所示，则 A、B、C 三个区域的电场强度分别为(设向右的方向为正)：$E_A = $_____；$E_B = $_____；$E_C = $_____。

11. 如图 7-28 所示，A、B 是位于竖直平面内、半径 $R = 0.5$ m 的圆弧形的光滑绝缘轨道，其下端点 B 与水平绝缘轨道平滑连接，整个轨道处在水平向左的匀强电场中，电场强度 $E = $

5×10^3 N/C。今有一质量为 $m = 0.1$ kg、带电荷量 $+q = 8 \times 10^{-5}$ C 的小滑块(可视为质点)从 A 点由静止释放。若已知滑块与水平轨道间的动摩擦因数 $\mu = 0.05$,取 $g = 10$ m/s²,求:

(1)小滑块第一次经过圆弧形轨道最低点 B 时 B 点的压力。

(2)小滑块在水平轨道上通过的总路程。

12. 如图 7-29 所示,一导体球半径为 R_1,外罩一半径为 R_2 的同心薄导体球壳,外球壳所带总电荷为 Q,而内球的电势为 V_0,求导体球和球壳之间的电势差。

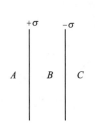

图 7-27　综合进阶第 10 题图

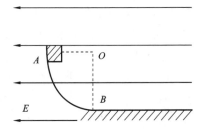

图 7-28　综合进阶第 11 题图

13. 由相距较近的等量异号电荷组成的体系称电偶极子,生物细胞膜及土壤颗粒表面的双电层可视为许多电偶极子的集合。因此,电偶极子是一个十分重要的物理模型。如图 7-30 所示的电荷体系称电四极子,它由两个电偶极子组合而成,其中的 q 和 l 均为已知,对图中的 P 点(OP 平行于正方形的一边),证明当 $x \gg l$ 时 $E_p \approx \dfrac{3pl}{4\pi\varepsilon_0 x^4}$(其中 $p = ql$ 称为电偶极矩)。

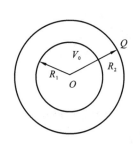

图 7-29　综合进阶第 12 题图

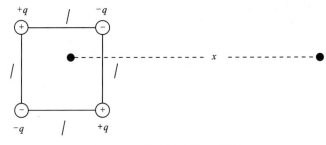

图 7-30　综合进阶第 13 题图

练习题参考答案

第 8 章

静电场中的导体与电介质

高中物理知识点回顾

第 7 章主要讨论的是真空中的静电场及其特性,而实际上真空情况是很少见的,一般情况下静电场中常有导体或电介质的存在,它们往往会与静电场发生相互作用。接下来本章将要介绍有导体、电介质存在的静电场的有关性质,从而进一步认识和理解实际情况下静电场的特性及其规律。

§8.1 静电场中的导体

8.1.1 静电感应导体的静电平衡

导体一般是指常见的金属,金属具有良好的导电性。在金属原子中,原子核对最外层电子(价电子)的束缚较弱,因此电子可以轻松摆脱原子核的束缚,在整个导体中自由运动,这种电子被称为**自由电子**。原子中除价电子外的其余部分叫作原子芯,在固态金属中原子芯排列成整齐的点阵,称为晶格或晶体点阵。当导体本身不带电或者不受外电场影响时,自由电子虽可在晶体点阵间做无规则的热运动,但对整个导体来说,自由电子的负电荷和晶体点阵的正电荷处处相等,所以导体呈现电中性,在这种情况下,导体中的自由电子只做微观的热运动而没有宏观的定向运动。

如果将导体置于电场中,无论导体原来带电与否,导体内的电荷将由于自由电子的定向移动而重新分布。这种在外电场作用下使得导体中电荷重新分布的现象叫作**静电感应现象**,由于静电感应使导体带的电荷叫作**感应电荷**。反过来,导体内电荷的重新分布又将影响外电场的分布,直至达到新的平衡,即电荷的宏观定向运动停止,电荷分布不随时间变化,电场分布也不随时间变化,我们称这时导体达到了**静电平衡状态**。

导体达到静电平衡的条件为:**导体内的场强处处为零;导体表面附近处场强的方向处处垂直导体表面**。

导体内的场强处处为零很容易理解,因为场强如果不为零,则自由电子就会发生移动,表明导体还没有达到静电平衡。此外,若导体表面附近处场强的方向与表面不垂直,则场强沿表面有分量,自由电子将受到相应电场力的作用而沿表面运动,也不是静电平衡状态了。还要指出的是,这里的场强 E 是外加场强 $E_{外}$ 和感应电荷所产生附加场强 E' 的叠加。

8.1.2 静电平衡下导体的电势分布

在导体内部任取 a 和 b 两点,这两点间的电势差为

$$U_{ab} = U_a - U_b = \int_a^b E \cdot dl \tag{8-1}$$

静电平衡时导体内部的场强处处为零,因此上式右边的积分等于零,这表明:在静电平衡时,导体内任意两点间的电势是相等的,导体为等势体。

若在导体表面上任取 a 和 b 两点,这时可将式(8-1)右边的积分路径取在导体表面上,由于静电平衡时导体表面处场强的方向处处与表面垂直,所以右边的曲线积分中,场强 E 处处与积分路径上的元位移 dl 垂直,积分为零。这也表明:**在静电平衡时,导体表面任意两点间的电势是相等的,导体表面为等势面**。

8.1.3　静电平衡下导体的电荷分布

实验结果表明，当导体达到静电平衡时，导体上的电荷分布是确定的。处于静电平衡状态的导体的电荷分布规律有如下几点。

(1)处于静电平衡的导体，其内部各点处的净电荷为零，电荷只能分布在其表面。

该规律可利用高斯定理进行说明。如若导体是实心的，则可在处于静电平衡导体内作一高斯面，当静电平衡时高斯面上各点的场强处处均为零，电通量等于零，从而面内电荷的代数和为零，电荷只能分布在导体的表面。如若导体是腔内无带电体的空腔导体(图 8-1)，则可在靠近空腔内表面的导体内作高斯面，同样由于场强处处均为零，电通量等于零，从而面内电荷的代数和为零，电荷也只能分布在导体的外表面，内表面无电荷分布。如若导体是腔内有带电体的空腔导体(图 8-2)，按以上步骤同样可得高斯面内电荷的代数和为零，但因为腔内已有电荷，所以空腔内表面上必定分布有异号的等量电荷，空腔外表面的电荷则可根据电荷守恒定律得到。

图 8-1　腔内无带电体的空腔导体

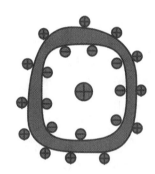

图 8-2　腔内有带电体的空腔导体

由上面的讨论不难看出，若导体腔内无电荷，则导体腔外电荷所产生的外电场和导体腔外表面上电荷产生的电场，将在导体腔内部及空腔处恰好相互抵消，这一结论与导体外的电荷和电场的分布无关，从效果上看，导体腔对其空腔起到了屏蔽外电场的作用，这是静电屏蔽的一种情形。

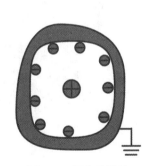

图 8-3　导体腔接地

当导体腔内有电荷时，由于静电感应会使导体腔的内、外表面感应出等量异号的电荷，此时导体腔外表面的电荷会对导体腔的外电场产生影响。但如果将导体腔接地(图 8-3)，则导体腔外表面的电荷由于与地面电荷中和而消除对导体腔外电场的影响，接地导体腔内的电荷对导体腔外部亦不产生任何影响，这是静电屏蔽的另一种情形。

综上所述，一个接地的导体腔可以隔离内、外静电场的相互影响，这就是静电屏蔽的原理，它在实际工作中有着广泛的应用。

(2)处于静电平衡的导体，其表面各点处的电荷面密度与该处表面附近的场强成正比。

在紧邻导体表面取一点 P, 以 E 表示该点处的场强, 过 P 点做一个平行于导体表面的小面积元 ΔS, 如图 8-4 所示, 以 ΔS 为底面、以过 P 点的导体表面法线为轴做一个闭合的扁平圆柱形高斯面, 其另一底面在导体的内部。由于导体内部场强处处

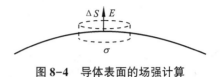

图 8-4 导体表面的场强计算

为零, 导体表面处的场强处处与表面垂直, 因此通过高斯面的电通量为 $E\Delta S$。以 σ 表示导体表面 P 点附近的电荷面密度, 运用高斯定理可得

$$E\Delta S = \frac{\sigma \Delta S}{\varepsilon_0} \tag{8-2}$$

从而得到

$$E = \frac{\sigma}{\varepsilon_0} \tag{8-3}$$

此时说明处于静电平衡的导体, 其表面处的场强与表面上各点的电荷面密度成正比。

(3)**孤立导体处于静电平衡, 其表面各点处的电荷面密度与该处表面的曲率有关, 曲率越大的地方, 电荷面密度越大。**

由式(8-3)知, 带电导体表面处的场强是和电荷面密度成正比的, 因此在导体表面上曲率较大的地方, 场强也比较大, 对于具有尖端的带电导体, 无疑在尖端处的场强特别强。

尖端放电就是一个典型的例子(图 8-5)。当导体尖端处的场强达到一定量值时, 空气中原有的残留带电粒子(如电子或离子)在这个电场作用下将发生剧烈的运动, 获得足够大的动能与空气分子碰撞, 使后者电离, 进而产生大量新的带电粒子。其中与导体尖端处电荷异号的带电粒子被吸引到尖端上, 与导体上的电荷相中和, 而与导体尖端处电荷同号的带电粒子则被排斥而离开尖端做加速运动, 这无疑会使得空气易于导电。这种使得空气被击穿而产生的放电现象称为尖端放电。避雷针就是根据尖端放电的原理制造的(图 8-5), 当雷电发生时, 利用尖端放电原理使强大的放电电流从和避雷针连接并接地良好的导线中流过, 从而避免建筑物遭受雷击的破坏。

图 8-5 尖端放电现象

8.1.4　静电平衡下导体的相关计算

例 8-1　在内、外半径分别为 R_1、R_2 的导体球壳内，有一个半径为 R 的导体小球，小球与球壳同心，让小球与球壳分别带上电荷量 q 和 Q，如图 8-6 所示，试求：

(1) 小球以及球壳内、外表面的电势。

(2) 小球与球壳的电势差。

(3) 若球壳接地，再求小球与球壳的电势差。

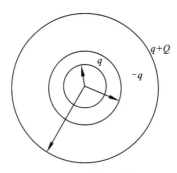

图 8-6　例 8-1 图

解　在计算有导体存在的静电场的场强和电势时，首先要根据静电平衡条件和电荷守恒定律确定导体上新的电荷分布，然后由新的电荷分布去求场强和电势。

经分析可知，电荷在小球表面和球壳内、外表面上是均匀分布的，小球表面上的电荷为 q，它在球壳的内、外表面上感应出 $-q$、$+q$ 的电荷，故球壳外表面上的总电荷量为 $q+Q$。

由于所有电荷的分布均具有球对称性，因此可利用高斯定理先求出场强的分布，再由场强和电势的积分关系求电势分布。根据电荷的分布，运用高斯定理可得场强大小分别为

$$E = \begin{cases} 0, & (0<r<R) \\ \dfrac{q}{4\pi\varepsilon_0 r^2}, & (R \leqslant r<R_1) \\ 0, & (R_1 \leqslant r<R_2) \\ \dfrac{q+Q}{4\pi\varepsilon_0 r^2}, & (R_2 \leqslant r) \end{cases} \tag{8-4}$$

场强方向沿径向。

求电势的积分路径是任意的，这里根据球对称性选择径向作为路径，已将矢量运算变为标量计算，即 $\boldsymbol{E} \cdot \mathrm{d}\boldsymbol{l} = E\mathrm{d}r$。

小球内任一点的电势为

$$U_R = \int_r^\infty E\mathrm{d}r = \int_r^R 0\mathrm{d}r + \int_R^{R_1} \frac{q}{4\pi\varepsilon_0 r^2}\mathrm{d}r + \int_{R_1}^{R_2} 0\mathrm{d}r + \int_{R_2}^\infty \frac{q+Q}{4\pi\varepsilon_0 r^2}\mathrm{d}r$$

$$= \frac{q}{4\pi\varepsilon_0}\left(\frac{1}{R} - \frac{1}{R_1}\right) + \frac{Q+q}{4\pi\varepsilon_0 R_2} \tag{8-5}$$

导体小球为一等势体，因此电势均为式(8-5)。

导体球壳内任一点的电势为

$$U_{R_1} = \int_r^\infty E\mathrm{d}r = \int_r^{R_2} 0\mathrm{d}r + \int_{R_2}^\infty \frac{Q+q}{4\pi\varepsilon_0 r^2}\mathrm{d}r = \frac{Q+q}{4\pi\varepsilon_0 R_2} \tag{8-6}$$

导体球壳亦为一等势体，因此电势均为式（8-6）。

小球与球壳的电势差为

$$U_{RR_1} = \int_R^{R_1} E\mathrm{d}r = \int_R^{R_1} \frac{q}{4\pi\varepsilon_0 r^2}\mathrm{d}r = \frac{q}{4\pi\varepsilon_0}\left(\frac{1}{R} - \frac{1}{R_1}\right) \tag{8-7}$$

该式也可以用式（8-5）和式（8-6）相减得到。

若球壳接地，则除了球壳外表面上的电荷消失外，其他电荷分布不变，因此电势差不变，仍为式（8-7）。

例 8-2　如图 8-7 所示，两块大导体平板面积为 S，分别带电量 q_1 和 q_2，两板间距远小于板的线度。试求平板各表面的电荷密度。

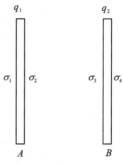

图 8-7　例 8-2 图

解　本题利用静电平衡时电场及电荷的性质来求，由于两板间距远小于板的线度，因此不用考虑边缘效应。设两个导体板四个面的电荷面密度分别为 σ_1、σ_2、σ_3 和 σ_4，每个面产生的场强大小为式（8-3），所带电荷先假设为正电荷，然后根据计算结果得到电荷的正负关系。首先由电荷守恒定律可得

$$(\sigma_1+\sigma_2)S = q_1 \tag{8-8}$$
$$(\sigma_3+\sigma_4)S = q_2 \tag{8-9}$$

导体板内的场强根据静电平衡时导体内部场强处处为零及式（8-3），可得

$$E_A = \frac{\sigma_1}{2\varepsilon_0} - \frac{\sigma_2}{2\varepsilon_0} - \frac{\sigma_3}{2\varepsilon_0} - \frac{\sigma_4}{2\varepsilon_0} = 0 \tag{8-10}$$

$$E_B = \frac{\sigma_1}{2\varepsilon_0} + \frac{\sigma_2}{2\varepsilon_0} + \frac{\sigma_3}{2\varepsilon_0} - \frac{\sigma_4}{2\varepsilon_0} = 0 \tag{8-11}$$

求解以上四式，最终可得

$$\sigma_2 = -\sigma_3 = \frac{q_1-q_2}{2S}$$

$$\sigma_1 = \sigma_4 = \frac{q_1+q_2}{2S}$$

§8.2　电容　电容器

8.2.1　孤立导体的电容

若空间只有一个导体,在其附近没有其他导体或带电体(或其他导体和带电体离该导体无穷远),则称这样的导体为孤立导体。孤立导体是一个理想化模型,理论和实验表明,孤立导体所带的电量 q 与它的电势 U 成正比,可以写成等式

$$C = \frac{q}{U} \tag{8-12}$$

式中:C 为比例系数,称为**孤立导体的电容**。电容反映了导体储存电荷和电能的能力,其物理意义是使导体升高单位电势所需的电荷量,它只和导体的尺寸形状有关,而与 q 和 U 无关。

在国际单位制中,电容的单位为法拉(F)。法拉单位太大,常用的电容单位是微法(μF)或皮法(pF),它们之间的关系为 $1\,\text{F} = 10^6\,\mu\text{F} = 10^{12}\,\text{pF}$。

8.2.2　电容器的电容

通常把导体壳和壳内导体所组成的导体系称为**电容器**,组成导体系的两个导体称为**电容器的极板**。封闭的导体壳利用静电屏蔽原理将导体屏蔽起来,使两者之间的电势与外界无关,且可证明,电势差 U_{AB} 和导体所带电量 q 成正比,即

$$C = \frac{q}{U_{AB}} \tag{8-13}$$

式中:C 为电容器的电容,它与两个导体的尺寸、形状及其相对位置有关,而与电量 q 和电势差无关。

下面从理论上计算几种常见电容器的电容,在计算中认为极板之间是真空或空气。

1. 平行板电容器

如图 8-8 所示,两块彼此靠得很近的平行导体板组成平行板电容器,当极板的线度远大于它们之间距离的情况下,可忽略边缘区域电场的不均匀性(称为忽略边缘效应),认为电荷在两极板内表面上均匀分布,极板间的电场是均匀的。设两板的面积为 S,板间距为 d,所带电量分别为 q 和 $-q$。由高斯定理可求得极板间电势差的大小为

$$U = Ed = \frac{\sigma}{\varepsilon_0}d = \frac{qd}{S\varepsilon_0} \tag{8-14}$$

根据式(8-13),可得平行板电容器的电容为

$$C = \frac{q}{U} = \frac{\varepsilon_0 S}{d} \tag{8-15}$$

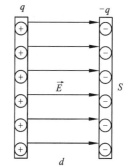

图 8-8　平行板电容器

2. 球形电容器

如图 8-9 所示,球形电容器由半径分别为 R_A 和 $R_B(R_B > R_A)$的两个同心导体球壳组成。设内、外球壳带电量分别为 q、$-q$,分别均匀分布在内球壳的外表面和外球壳的内表面上,两球壳间具有球对称的电场。运用高斯定理,可求得两球壳间距球

心为 $r(R_A<r<R_B)$ 处的点场强大小为

$$E = \frac{q}{4\pi\varepsilon_0 r^2} \tag{8-16}$$

同样选取积分路径为半径方向，可得球壳间的电势差为

$$U_{AB} = \int_A^B E\mathrm{d}r = \int_{R_A}^{R_B} \frac{q}{4\pi\varepsilon_0 r^2}\mathrm{d}r = \frac{q}{4\pi\varepsilon_0}\left(\frac{1}{R_A} - \frac{1}{R_B}\right) \tag{8-17}$$

从而球形电容器的电容为

$$C = \frac{q}{U_{AB}} = 4\pi\varepsilon_0 \frac{R_A R_B}{R_B - R_A} \tag{8-18}$$

图 8-9　球形电容器

3. 圆柱形电容器

圆柱形电容器由两个同轴柱形导体圆筒（面）A 和 B 组成，如图 8-10 所示，设其半径分别为 R_A 和 $R_B(R_B>R_A)$，长度为 l。当 $l \gg R_B - R_A$ 时，可将两端边缘处电场的不均匀性的影响忽略不计（称为忽略边缘效应），在此条件下可将导体圆筒看成是无限长的，当其带电后电荷将均匀分布在内、外两导体圆筒面上。设内、外圆筒面的带电量分别为 q、$-q$，单位长度圆筒面上的电荷量为 $\lambda = q/l$，运用高斯定理，可得两圆筒面间距圆筒轴线为 r ($R_A<r<R_B$) 处的场强大小为

图 8-10　圆柱形电容器

$$E = \frac{\lambda}{2\pi\varepsilon_0 r} \tag{8-19}$$

选取电势的积分路径为垂直于圆筒轴线的径向，可得两圆筒面间的电势差为

$$U_{AB} = \int_{R_A}^{R_B} E\mathrm{d}r = \int_{R_A}^{R_B} \frac{\lambda}{2\pi\varepsilon_0 r}\mathrm{d}r = \frac{\lambda}{2\pi\varepsilon_0}(\ln R_B - \ln R_A)$$

$$= \frac{q}{2\pi\varepsilon_0 l}\ln\frac{R_B}{R_A} \tag{8-20}$$

$$C = \frac{q}{U_{AB}} = \frac{2\pi\varepsilon_0 l}{\ln(R_B/R_A)} \tag{8-21}$$

　　以上几种电容器的例子中，两极板间均为真空或空气。实际上绝大多数的电容器都会在两极板间充满某种电介质，以使得电容器的电容增大，从而扩大其储存电荷及电能的能力。若用 C_0 表示电容器两极板间为真空或空气时的电容，C 表示两极板间充满电介质时的电容，实验证明

$$\frac{C}{C_0} = \varepsilon_r > 1 \tag{8-22}$$

式中：ε_r 与所充的电介质性质有关，称为电介质的**相对电容率**，或**相对介电常数**。此时以上三种电容器的电容分别为

$$\begin{cases} C_{平行板} = \dfrac{\varepsilon_0 \varepsilon_r S}{d} \\[2ex] C_{球形} = 4\pi\varepsilon_0\varepsilon_r \dfrac{R_A R_B}{R_B - R_A} \\[2ex] C_{圆柱形} = \dfrac{2\pi\varepsilon_0\varepsilon_r l}{\ln(R_B/R_A)} \end{cases} \tag{8-23}$$

实际应用中的各类电容器如图 8-11 所示。

图 8-11　常见的几种电容器

8.2.3　电容器的串并联

1. 电容器的串联

电容器串联时，总电压等于各电容器电压之和，各电容器的带电量相同，即

$$U = U_1 + U_2 + U_3 + \cdots + U_n$$

$$\frac{q}{C} = \frac{q}{C_1} + \frac{q}{C_2} + \frac{q}{C_3} + \cdots + \frac{q}{C_n} \tag{8-24}$$

从而有

$$\frac{1}{C} = \frac{1}{C_1} + \frac{1}{C_2} + \frac{1}{C_3} + \cdots + \frac{1}{C_n} \tag{8-25}$$

式(8-25)表明，**串联电容器的等效电容倒数等于每个电容器电容的倒数之和**。

2. 电容器的并联

电容器并联时，每个电容器两极板间的电势差都相等，组合电容器的总电量为每个电容器电量之和，即

$$q = q_1 + q_2 + q_3 + \cdots + q_n$$
$$CU = C_1 U + C_2 U + C_3 U + \cdots + C_n U \tag{8-26}$$

从而有

$$C = C_1 + C_2 + C_3 + \cdots + C_n \tag{8-27}$$

式（8-27）表明，**并联电容器的等效电容等于每个电容器电容之和**。

由上可见，电容器并联时电容增大，但并联电容器组的耐压程度并未改变，仍与每个电容器的耐压能力一样；串联时电容减小，但串联电容器组具有比每个电容器都高的耐压能力。实验中可根据需要选用并联或串联，对于有特殊要求的电路，还可采取更为复杂的连接方法。

§8.3 静电场中的电介质

8.3.1 电介质的极化

电介质通常指不导电的绝缘体。绝缘体中原子核和电子之间的引力相当大，使得电子和原子核结合得非常紧密，电子处于被束缚状态，所以绝缘体（即电介质）内几乎不存在自由电子。如果把电介质放到外电场中，其正、负电荷也只能在电场力作用下做微观的相对位移，当相对位移达到平衡时，电介质内的场强不为零，这是电介质和导体电性能的主要差别。

按照电介质分子的电结构不同，可以把电介质分为**无极分子电介质**和**有极分子电介质**两大类。无极分子电介质内部的电荷分布是对称的，以图 8-12 所示的甲烷分子为例，其正、负电荷的"中心"是重合的，分子没有固有电矩，即 $p_e = 0$。由于每个分子的电偶极矩都等于零，因此无外电场时电介质整体是呈电中性的。有极分子电介质内部的电荷分布是不对称的，以图 8-13 所示的水分子为例，其正、负电荷的"中心"是不重合的，分子具有固有电矩，即 $p_e \neq 0$。有极分子电介质可以看成是许多电偶极子的聚集体，无外电场时虽然每个分子的电偶极矩不为零，但由于分子的无规则热运动，各分子电偶极矩的方向是杂乱无章的，因此从整体来看，大量分子电偶极矩的矢量和平均来说等于零，电介质仍是呈电中性的。

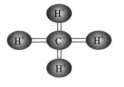

图 8-12　甲烷分子

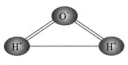

图 8-13　水分子

当电介质处于外电场中时，电介质分子将受到静电场力的作用，使电介质的电性质发生变化。图 8-14 显示了无极分子电介质的极化过程，对于电场中的无极分子电介质，分子原本重合的正、负电荷"中心"，因受静电场力的作用而发生相对位移，从而使分子有了电偶极矩，这种电偶极矩称为感生电矩，这种极化称为**位移极化**。显然，感生电矩的方向与外电场

的方向总是一致的，且外电场越强，感生电矩越大。

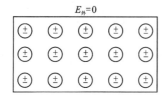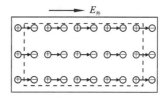

图 8-14　无极分子的位移极化

图 8-15 显示了有极分子的极化过程，对于有极分子电介质，分子具有固有电矩，在外电场中受到力矩作用，使得电偶极矩沿外电场取向，这种极化称为**取向极化**。由于分子的无规则热运动，各分子的固有电矩不能完全沿外电场方向排列，且外电场越强，固有电矩的排列越有序。

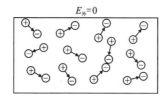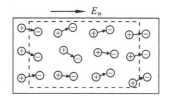

图 8-15　有极分子的转向极化

虽然两种电介质受外电场影响时所发生变化的微观机制不同，但其宏观效果是一样的，即在电介质内部的宏观微小区域内，正、负电荷的电量相等，仍表现为电中性。但在电介质的表面上却出现了只有正电荷或只有负电荷的电荷层，这些电荷没有脱离分子，不能在电介质中自由移动，因此把这种电荷称为**极化电荷**或**束缚电荷**。这种在外电场的作用下，在电介质表面出现极化电荷的现象叫作**电介质的极化**。外电场越强，电介质表面出现的极化电荷越多。

电介质极化的最终结果是产生了极化电荷，极化电荷相应会产生一个新的极化电场，该电场与外电场一起叠加形成了最终电介质内部的电场，即 $\boldsymbol{E}=\boldsymbol{E}_0+\boldsymbol{E}'$。对于有极分子电介质来说，取向极化和位移极化同时发生，只不过取向极化比位移极化强得多，电介质的极化主要是取向极化。对于无极分子电介质来说，电介质的极化仅仅为位移极化。

8.3.2　电极化强度　电介质的极化规律

为了描述电介质中某处介质的极化程度，需要引入一个物理量。在电介质内部取一无限小的体积元 ΔV（体积元仍包含有大量的分子），以 $\boldsymbol{p}_e$ 表示 ΔV 中单个分子的电偶极矩（固有的或感生的），则 ΔV 中所有分子的电偶极矩矢量和为 $\sum \boldsymbol{p}_e$，定义

$$\boldsymbol{P}=\frac{\sum \boldsymbol{p}_e}{\Delta V} \tag{8-28}$$

即某点附近单位体积内分子电偶极矩的矢量和，称为**电极化强度矢量**，简称为**电极化强**

度，以表示电介质内部某点的极化程度。在国际单位制中，电极化强度的单位为库仑平方米（$C \cdot m^2$）。

实验指出，在各向同性的电介质中的某一点，电极化强度与该点的场强成正比，即

$$P = \chi_e \varepsilon_0 E \tag{8-29}$$

式中：χ_e 为与电介质性质有关的量，称为**电介质的电极化率**。可以证明，电极化率 χ_e 与相对电容率 ε_r 的关系为：$\chi_e = \varepsilon_r - 1$。

§8.4 有电介质时的高斯定理和环路定理

8.4.1 电介质中的电场

前面指出，电介质极化后内部的电场是极化电场和外电场的叠加，即

$$E = E_0 + E' \tag{8-30}$$

极化电场 E' 与外电场 E_0 的方向相反，在电介质中起着削弱电场的作用，因此极化电场也叫作退极化场，为了定量地了解电介质内部场强被削弱的情况，以如下特例进行讨论。

图 8-16 为一平行板电容器，设两极板分别带有电荷 $\pm q$，两板间距为 d，两极板间为真空时的场强大小为 E_0，电势差为 U_0，电容为 C_0；当充满相对电容率为 ε_r 的各向同性的均匀电介质时，场强大小为 E，电势差为 U，电容为 C。由电容器的定义可得

$$C_0 = \frac{q}{U_0}, \quad C = \frac{q}{U} \tag{8-31}$$

从而有

$$\frac{C}{C_0} = \frac{U_0}{U} = \frac{E_0 d}{E d} = \frac{E_0}{E} \tag{8-32}$$

根据式（8-22），最终可得到

$$E = \frac{E_0}{\varepsilon_r} \tag{8-33}$$

式（8-33）表明，**当各向同性均匀电介质充满平行板电容器内的整个电场空间时，电介质中的场强削弱为真空中的场强的 $1/\varepsilon_r$ 倍**。

应当注意，式（8-33）的成立是有条件的，理论上可证明，只有在均匀电介质充满整个电场空间或均匀电介质的表面是等势面的情形下，该式才是适用的。

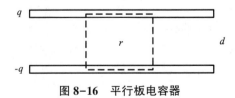

图 8-16 平行板电容器

设两极板上的自由电荷面密度为 $\pm \sigma_0$，电解质表面上的极化电荷面密度为 $\pm \sigma'$，则电介质

中各电场的电场强度大小分别为

$$E_0 = \frac{\sigma_0}{\varepsilon_0}, \ E' = \frac{\sigma'}{\varepsilon_0} \tag{8-34}$$

内部场强为两个电场的叠加,即

$$E = E_0 - E' = \frac{\sigma_0}{\varepsilon_0} - \frac{\sigma'}{\varepsilon_0} \tag{8-35}$$

由式(8-33)和式(8-35)可得

$$\sigma' = \left(1 - \frac{1}{\varepsilon_r}\right)\sigma_0 \tag{8-36}$$

式(8-36)给出了电介质表面上的极化电荷面密度 σ' 与电容器极板上自由电荷密度 σ_0 之间的定量关系。

8.4.2　电位移矢量　有电介质时的高斯定理

当有电介质存在时,高斯定理中的高斯面内不仅包含自由电荷 q(相应的电荷密度为 σ_0),还可能包含极化电荷 q'(相应的电荷密度为 σ'),此时高斯定理在形式上应有别于真空中的高斯定理。下面仍以充满各向同性的均匀电介质的平行板电容器为例,讨论有电介质时的高斯定理。

在图 8-16 中,作一扁平的圆筒形高斯面,其上、下底面的面积均为 S_0,上底面在上极板导体内,下底面在下极板导体内,侧面与极板垂直。根据真空中的高斯定理有

$$\oint \boldsymbol{E} \cdot \mathrm{d}\boldsymbol{S} = \frac{1}{\varepsilon_0}(\sigma_0 S_0 - \sigma' S_0) \tag{8-37}$$

由式(8-36)可得

$$\sigma' S_0 = \left(1 - \frac{1}{\varepsilon_r}\right)\sigma_0 S_0 \tag{8-38}$$

从而可得

$$\sigma_0 S_0 - \sigma' S_0 = \frac{\sigma_0 S_0}{\varepsilon_r} = \frac{q_0}{\varepsilon_r} \tag{8-39}$$

式中: q_0 为高斯面内包含的自由电荷的电量。

将式(8-39)代入式(8-37)有

$$\oint \boldsymbol{E} \cdot \mathrm{d}\boldsymbol{S} = \frac{q_0}{\varepsilon_0 \varepsilon_r} \ 或 \oint \varepsilon_0 \varepsilon_r \boldsymbol{E} \cdot \mathrm{d}\boldsymbol{S} = q_0 \tag{8-40}$$

定义电位移矢量为

$$\boldsymbol{D} = \varepsilon_0 \varepsilon_r \boldsymbol{E} = \varepsilon \boldsymbol{E} \tag{8-41}$$

则可得到

$$\oint \boldsymbol{D} \cdot \mathrm{d}\boldsymbol{S} = q_0 \tag{8-42}$$

式(8-42)就是**有电介质时的高斯定理**。在国际单位制中,电位移矢量的单位为库仑每平方米(C/m^2)。

式(8-42)虽然是从平行板电容器这一特例中推出的,但理论上可严格证明它是普遍适

用的，是静电场的基本定理之一。该式的右边不出现极化电荷，为计算电介质中的电场带来许多方便，当自由电荷和电介质分布都具有一定的对称性时，可利用电介质中的高斯定理即式(8-42)求出电位移矢量 **D**，再由式(8-41)求得场强 **E**。

正如可以用电场线对电场强度 **E** 进行几何描述一样，这里亦可用**电位移线**形象地表示电位移矢量 **D** 的空间分布。在有电介质的静电场中作电位移线，使线上每一点的切线方向和该点电位移矢量 **D** 的方向相同，并规定通过垂直于该点单位面积的电位移线的数目等于该点的电位移矢量 **D** 的量值，则通过任意曲面 S 的电位线的数目为 $\oint_S \boldsymbol{D} \cdot \mathrm{d}\boldsymbol{S}$，该电位线的数目称为通过该面的**电位移通量**。

有电介质时的高斯定理，即式(8-42)可表述为：**通过电介质中任意闭合曲面的电位移通量等于该面所包围的自由电荷量的代数和**。

由式(8-42)可看出，电位移线起于正的自由电荷，而止于负的自由电荷，这与电场线不一样，电场线总是起于一切正电荷而止于一切负电荷，包括自由电荷和极化电荷。由式(8-29)和式(8-41)可得

$$\boldsymbol{D} = \varepsilon_0 \varepsilon_r \boldsymbol{E} = (1 + \chi_e) \varepsilon_0 \boldsymbol{E} = \varepsilon_0 \boldsymbol{E} + \boldsymbol{P} \tag{8-43}$$

式(8-43)是一个关于电位移矢量 **D**、电场强度矢量 **E** 和电极化强度矢量 **P** 的一个普遍关系式。

例 8-3 如图 8-17 所示，半径为 R 的导体球带有电荷 q，球外贴有一层厚度为 d、相对介电系数为 ε_r 的电介质，其余空间为真空。求：

(1)空间各点的电场强度分布。

(2)电介质内、外表面的极化电荷面密度。

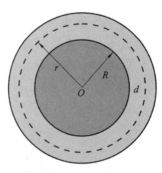

图 8-17   例 8-3 图

解 导体球内部无电荷，电荷只能分布在导体球的表面，同时导体球内部场强处处为零，因此只要求解导体球外空间的场强分布即可。

(1)电荷分布具有球对称性，因此作一半径为 $r(r \geqslant R)$ 的球形高斯面，根据有电介质时的高斯定理

$$\oint_S \boldsymbol{D} \cdot \mathrm{d}\boldsymbol{S} = \oint_S D\mathrm{d}S = 4\pi r^2 D = q \tag{8-44}$$

可得 $D = \dfrac{q}{4\pi r^2}$。

从而得到空间的场强大小为

$$E = \frac{D}{\varepsilon} = \begin{cases} 0, & (r < R) \\ \dfrac{q}{4\pi\varepsilon_0\varepsilon_r r^2}, & (R \leqslant r < R+d) \\ \dfrac{q}{4\pi\varepsilon_0 r^2}, & (r \geqslant R+d) \end{cases} \tag{8-45}$$

（2）先求出电介质的极化强度矢量，然后求极化电荷面密度。

$$P = D - \varepsilon_0 E = \left(1 - \frac{1}{\varepsilon_r}\right)D = \left(1 - \frac{1}{\varepsilon_r}\right)\frac{q}{4\pi r^2}, \quad (R \leqslant r < R+d) \tag{8-46}$$

从而可得极化电荷密度分别为

$$\sigma'_{内} = -P \Big|_{r=R} = -\left(1 - \frac{1}{\varepsilon_r}\right)\frac{q}{4\pi R^2} \tag{8-47}$$

$$\sigma'_{内} = -P \Big|_{r=R+d} = \left(1 - \frac{1}{\varepsilon_r}\right)\frac{q}{4\pi(R+d)^2} \tag{8-48}$$

8.4.3 有电介质时的环路定理

在电介质存在的情况下，电场空间中各点处的场强 E 不仅与自由电荷有关，而且还与极化电荷有关，但无论是自由电荷还是极化电荷，它们所激发的静电场都是保守场，若用 E 表示自由电荷和极化电荷共同产生的场强，仍然有

$$\oint_l \boldsymbol{E} \cdot \mathrm{d}\boldsymbol{l} = 0 \tag{8-49}$$

式（8-49）表明，有电介质存在的情况下，电场强度沿任一闭合回路的环流均为零。这一结论称为**电介质中的环路定理**。

§8.5 静电场的能量

8.5.1 孤立导体和电容器的能量

孤立导体具有电容，因此孤立导体也具有能量。假设一孤立导体的电量为 Q，表面为等势面，电势为 U，它所具有的能量为将电荷从无穷远处运到导体所在位置时静电场力所做的功，从而有

$$W_e = \int_0^Q u\mathrm{d}q = \frac{1}{2}QU \tag{8-50}$$

运用式（8-12）可得

$$W_e = \frac{1}{2}QU = \frac{1}{2}\frac{Q^2}{C} = \frac{1}{2}CU^2 \tag{8-51}$$

电容器由上、下两个导体极板组成，电荷只分布在导体极板上，因此电容器所带的能量可由孤立导体的能量来求。假设电容器的极板 A 带电量为 Q，电势为 U_A，极板 B 带电量为 $-Q$，电势为 U_B，则电容器的能量为

$$W_e = \frac{1}{2}\int_A u\mathrm{d}q + \frac{1}{2}\int_B u\mathrm{d}q = \frac{1}{2}\int_0^Q U_A \mathrm{d}q + \frac{1}{2}\int_0^{-Q} U_B \mathrm{d}q$$

$$= \frac{1}{2}Q(U_A - U_B) = \frac{1}{2}QU_{AB} \tag{8-52}$$

运用式(8-13)可得

$$W_e = \frac{1}{2}QU_{AB} = \frac{1}{2}\frac{Q^2}{C} = \frac{1}{2}CU_{AB}^2 \tag{8-53}$$

8.5.2 静电场的能量

静电场是一种物质，是能量的携带者。例如，电荷系的能量是电荷系各部分电荷之间的相互作用能，而电荷之间是通过电场产生相互作用的，所以从场的观点看，电荷系的能量是该电荷系在空间产生的电场的能量。接下来，将以平行板电容器为例来讨论电场的能量，然后推广到一般情况。

平行板电容器的能量表达式已知，即式(8-53)，如果用电场强度来表示则为

$$W_e = \frac{1}{2}CU_{AB}^2 = \frac{1}{2}\frac{\varepsilon S}{d}(Ed)^2 = \frac{1}{2}\varepsilon E^2 V \tag{8-54}$$

可以看出，电容器的能量与电场强度的平方成正比。如果将式(8-54)两边分别除以体积 V，则可以得到单位体积的电场能量即**电场能量密度** w_e 为

$$w_e = \frac{W_e}{V} = \frac{1}{2}\varepsilon E^2 \tag{8-55}$$

式(8-55)虽然是通过平行板电容器得到的结果，实际上对于一般电场的能量均适用，即空间中任一点的电场能量密度为

$$w_e = \frac{1}{2}\varepsilon E^2 = \frac{1}{2}DE = \frac{1}{2}\frac{D^2}{\varepsilon} \tag{8-56}$$

从而可得电场中某空间范围 V 内的能量为

$$W_e = \int_V w_e \mathrm{d}V = \int_V \frac{1}{2}\varepsilon E^2 \mathrm{d}V \tag{8-57}$$

 本章小结

(1)静电平衡的条件为：导体内的场强处处为零；导体表面附近处场强的方向处处垂直于导体表面。

(2)静电平衡时，导体内任意两点间的电势是相等的，导体为等势体；静电平衡时，导体表面任意两点间的电势是相等的，导体表面为等势面。

(3)处于静电平衡的导体，其内部各点处的净电荷为零，电荷只能分布在其表面；处于静电平衡的导体，其表面各点处的电荷面密度与该处表面附近的场强成正比；孤立导体处于静电平衡，其表面各点处的电荷面密度与该处表面的曲率有关，曲率越大的地方，电荷面密度越大。

(4)孤立导体的电容：$C = \dfrac{q}{U}$。

(5)电容器的电容：$C = \dfrac{q}{U_{AB}}$。

(6)平行板电容器的电容：$C = \dfrac{\varepsilon_0 S}{d}$。

(7)球形电容器的电容：$C = 4\pi\varepsilon_0 \dfrac{R_A R_B}{R_B - R_A}$。

(8)圆柱形电容器的电容：$C = \dfrac{2\pi\varepsilon_0 l}{\ln(R_B / R_A)}$。

(9)相对介电常数：$\dfrac{C}{C_0} = \varepsilon_r > 1$。

(10)电容器的串联：$\dfrac{1}{C} = \dfrac{1}{C_1} + \dfrac{1}{C_2} + \dfrac{1}{C_3} + \cdots + \dfrac{1}{C_n}$。

(11)电容器的并联：$C = C_1 + C_2 + C_3 + \cdots + C_n$。

(12)无极分子电介质：位移极化。有极分子电介质：取向极化。

(13)电极化强度矢量：$\boldsymbol{P} = \dfrac{\sum \boldsymbol{p}_e}{\Delta V}$ 或 $\boldsymbol{P} = \chi_e \varepsilon_0 \boldsymbol{E}$。

(14)电位移矢量：$\boldsymbol{D} = \varepsilon_0 \varepsilon_r \boldsymbol{E} = \varepsilon \boldsymbol{E}$。

(15)有电介质时的高斯定理：$\oint \boldsymbol{D} \cdot \mathrm{d}\boldsymbol{S} = q_0$。

(16)有电介质时的环路定理：$\oint_l \boldsymbol{E} \cdot \mathrm{d}\boldsymbol{l} = 0$。

(17)静电场的能量：$W_e = \dfrac{1}{2} Q U_{AB} = \dfrac{1}{2} \dfrac{Q^2}{C} = \dfrac{1}{2} C U_{AB}^2$。

(18)电场能量密度：$w_e = \dfrac{W_e}{V} = \dfrac{1}{2} \varepsilon E^2$。

 练习题

▷ **基础练习**

1. 如图 8-18 所示，用电池对电容器充电，电路 a、b 之间接有一灵敏电流表，两极板间有一个电荷 q 处于静止状态。现将两极板的间距变大，则(　　)。

　A.电荷将向上加速运动

　B.电荷将向下加速运动

　C.电流表中将有从 a 到 b 的电流

　D.电流表中将有从 b 到 a 的电流

2. 一大平行板电容器水平放置，两极板间的一半空间充有各向同性均匀电介质，另一半为空气，如图 8-19 所示。当两极板带上恒定的等量异号电荷时，有一个质量为 m、带电量为 $+q$ 的质点，在极板间的空气区域中处于平衡。此后，若把电介质抽去，则该质点(　　)。

A. 保持不动   B. 向上运动   C. 向下运动   D. 是否运动不能确定

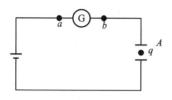

图 8-18　基础练习第 1 题图

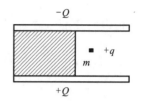

图 8-19　基础练习第 2 题图

3. 一空心导体球壳带电 q，当在球壳内偏离球心某处再放一电量为 q 的点电荷时，则导体球壳内表面上所带的电量为_____，电荷_____均匀分布（填"是"或"不是"）；外表面上的电量为_____，电荷_____均匀分布（填"是"或"不是"）。

4. 平行板电容器两板电势差是 100 V，当板上带电量增加 10^{-8} C 时，板间某一点电荷所受电场力变为原来的 1.5 倍，那么这个电容器的电容是_____。

5. 如图 8-20 所示，质量为 m，电量为 q 的带电粒子以初速 v_0 进入场强为 E 的匀强电场中，电场长度为 L，电容器极板中央到光屏的距离也是 L。已知带电粒子打到光屏的 P 点，求偏移量 OP 的大小。

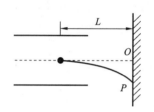

图 8-20　基础练习第 5 题图

▶ **综合进阶**

1. 如图 8-21 所示，一均匀带电球体，总电量为 $+Q$，其外部同心地罩一内、外半径分别为 r_1、r_2 的金属球壳。设无穷远处为电势零点，则球壳内半径为 r 的 P 点处的场强和电势为（　　）。

A. $E = \dfrac{Q}{4\pi\varepsilon_0 r^2}$，$U = \dfrac{Q}{4\pi\varepsilon_0 r}$　　　　　　B. $E = 0$，$U = \dfrac{Q}{4\pi\varepsilon_0 r_1}$

C. $E = 0$，$U = \dfrac{Q}{4\pi\varepsilon_0 r}$　　　　　　　　D. $E = 0$，$U = \dfrac{Q}{4\pi\varepsilon_0 r_2}$

2. 半径为 R 的金属球与地连接，在与球心 O 相距 $d = 2R$ 处有一电量为 q 的点电荷，如图 8-22 所示。设地的电势为零，则球上的感应电荷 q' 为（　　）。

A. 0   B. $\dfrac{q}{2}$ C. $-\dfrac{q}{2}$ D. $-q$

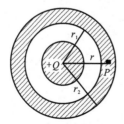

图 8-21　综合进阶第 1 题图

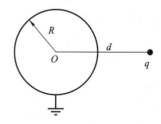

图 8-22　综合进阶第 2 题图

3. 如图 8-23 所示，在一带电量为 Q 的导体球外，同心地包有一各向同性均匀电介质球壳，其相对电容率为 ε_r，壳外是真空，则在壳外 P 点处（$\overline{OP}=r$）的场强和电位移的大小分别为（　　）。

A. $E=\dfrac{Q}{4\pi\varepsilon_0\varepsilon_r r^2}$, $\quad D=\dfrac{Q}{4\pi\varepsilon_0 r^2}$　　　　　　B. $E=\dfrac{Q}{4\pi\varepsilon_r r^2}$, $\quad D=\dfrac{Q}{4\pi\varepsilon_0 r^2}$

C. $E=\dfrac{Q}{4\pi\varepsilon_0 r^2}$, $\quad D=\dfrac{Q}{4\pi r^2}$　　　　　　　D. $E=\dfrac{Q}{4\pi\varepsilon_0 r^2}$, $\quad D=\dfrac{Q}{4\pi\varepsilon_0 r^2}$

4. 如图 8-24 所示，两块很大的导体平板平行放置，面积都是 S，有一定厚度，带电荷分别为 Q_1 和 Q_2。如不计边缘效应，则 A、B、C、D 四个表面上的电荷面密度分别为_____；_____；_____；_____。

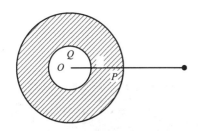
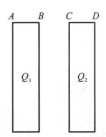

图 8-23　综合进阶第 3 题图　　　　　　图 8-24　综合进阶第 4 题图

5. 一空气平行板电容器，电容为 C，两极板间距离为 d。充电后，两极板间相互作用力为 F，则两极板间的电势差为_____，极板上的电量为_____。

6. 半径为 R 的金属球离地面很远，并用导线与地相联，在与球心相距为 $d=3R$ 处有一点电荷 $+q$，试求：金属球上的感应电荷的电量。

7. 半径为 $R_1=1.0$ cm 的导体球，带有电荷 $q=1.0\times10^{-10}$ C，球外有一个内、外半径分别为 $R_2=3.0$ cm、$R_3=4.0$ cm 的同心导体球壳，壳上带有电荷 $Q=11\times10^{-10}$ C，试计算：(1)两球的电势 U_1 和 U_2；(2)用导线把球和球壳接在一起后，U_1 和 U_2 分别是多少？(3)若外球接地，U_1 和 U_2 为多少？

8. 半径为 R_1 的导体球，带有电量 q，球外有内、外半径分别为 R_2、R_3 的同心导体球壳，球壳带有电量 Q。(1)求导体球和球壳的电势 U_1 和 U_2；(2)如果将球壳接地，求 U_1 和 U_2；(3)若导体球接地（设球壳离地面很远），求 U_1 和 U_2。

练习题参考答案

第9章

稳恒电流　电路基础

高中物理知识点回顾

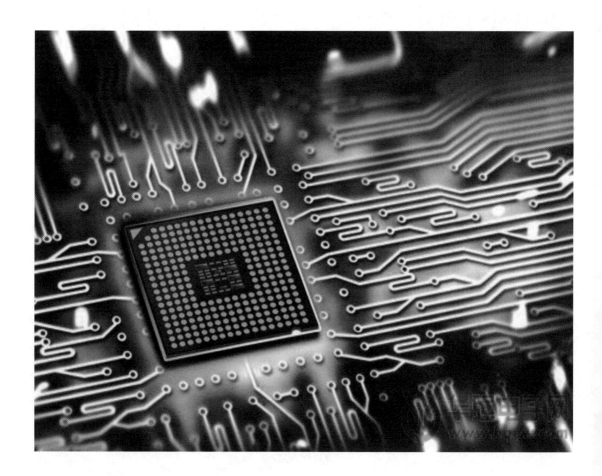

导体中电荷的定向运动形成电流,方向和大小都不随时间变化的电流叫作稳恒电流。本章主要从电场和电路两个角度来介绍稳恒电流的基本概念、基本定律和基本原理,同时简要学习电工学中的基础知识及应用,以拓宽大学物理课程的知识面。

§9.1　电流的基本概念

9.1.1　电流及其产生的条件

在金属导体中,正离子形成晶格,若大量自由电子在无规则热运动基础上相对晶格作规则的定向移动,便形成电流,自由电子被称为**载流子**。在电解液中,正、负离子的定向运动形成电流,其载流子是正、负带电离子。以上两种情况下,由大量微观带电粒子定向运动所形成的电流叫作**传导电流**。此外,由宏观带电体或带电粒子作宏观定向移动所形成的电流叫作**运流电流**,由变化的电场产生的电流叫作**位移电流**。

形成传导电流的条件为:①物体中有可移动的电荷,即载流子;②物体两端有电势差或物体内有电场。例如,在金属内有可以自由移动的载流子——自由电子,在其两端加上电压时就可形成电流,因而金属是导电的,称为导体。习惯上,把正电荷在电场作用下定向移动的方向规定为电流的方向,因而电流的方向与自由电子移动的方向正好相反。

9.1.2　电流强度和电流密度

电流的强弱用**电流强度** I 来表示,其定义为:单位时间通过导体任一截面的电量。假定在 $\mathrm{d}t$ 时刻,通过某导体截面的电量为 $\mathrm{d}q$,则有

$$I = \frac{\mathrm{d}q}{\mathrm{d}t} \tag{9-1}$$

电流强度的单位为安培(A),它是一个标量,通常所说的电流方向是指电荷在导体内移动的方向。当电流强度的大小和方向都不随时间发生变化时,这种电流称为**稳恒电流**,也叫作直流电流;当电流强度随时间发生周期性变化时,称为**交变电流**;当电流强度随时间做正弦规律的变化时,称为正弦交流电。

很明显,通过导体电流的多少除了与通过的电量有关以外,还与通过电流的导体横截面积有关。为了描述电流分布的详细情况,引入一个新的物理量——**电流密度矢量 j**。如图 9-1 所示,在电流通过的导体中的某处取一小面元 $\mathrm{d}S_{\perp}$,使 $\mathrm{d}S_{\perp}$ 的法线单位矢量 $\hat{n}_0$ 的方向和该处的电流方向一致。设垂直通过 $\mathrm{d}S_{\perp}$ 的电流强度为 $\mathrm{d}I$,电流密度矢量定义为

$$j = \frac{\mathrm{d}I}{\mathrm{d}S_{\perp}} \hat{n}_0 \tag{9-2}$$

式(9-2)表明,**电流密度的大小等于垂直通过单位面积的电流强度,方向与该处小面元 $\mathrm{d}S_{\perp}$ 的法线方向即电流方向一致**,单位是安培每平方米^2($\mathrm{A/m}^2$)。

从式(9-2)出发,可以求通过任一有限面积 S 的电流强度。在 S 上任取一面积元 $\mathrm{d}S$,其法线方向与该处电流密度矢量 j 的夹角为 θ,则通过面积元的电流强度为 $\mathrm{d}I = j\mathrm{d}S\cos\theta = j \cdot \mathrm{d}S$。则通过有限面积 S 的电流强度为

$$I = \int_S \mathrm{d}I = \int_S j \cdot \mathrm{d}S \tag{9-3}$$

可见，电流强度是电流密度矢量对某曲面的通量。

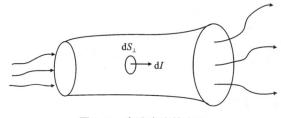

图 9-1 电流密度的定义

9.1.3 电流连续性方程

在导体内任取一个闭合曲面 S，根据电荷守恒定律，从曲面内流出的电量应等于面内电量的减少量。通过闭合曲面的 j 通量，就是面内向外流出的电流强度，设闭合曲面内的电量为 q，则有

$$\oint_S \boldsymbol{j} \cdot \mathrm{d}\boldsymbol{S} = -\frac{\mathrm{d}q}{\mathrm{d}t} \tag{9-4}$$

式(9-4)称为**电流连续性方程**。对于稳恒电流，其电流强度的大小和方向都不随时间发生变化，这样对于任一闭合曲面 S，必有 $\mathrm{d}q/\mathrm{d}t = 0$，即

$$\oint_S \boldsymbol{j} \cdot \mathrm{d}\boldsymbol{S} = 0 \tag{9-5}$$

式(9-5)则为稳恒电流的连续性方程。其另一种表达形式为 $I_1 = I_2$。

§9.2 均匀电路的欧姆定律 焦耳定律

9.2.1 均匀电路的欧姆定律

所谓**均匀电路**，就是一段不含电源的稳恒电路，比如给导体两端加上恒定的电势差，导体中相应地就存在着稳恒电流。导体中的电流强度 I 和导体两端的电势差 U_{ab} 之间的关系由实验得出为

$$I = \frac{U_{ab}}{R} \tag{9-6}$$

式(9-6)称为**均匀电路的欧姆定律**。实验表明，欧姆定律不仅适用于金属导体，而且对电解质溶液也适用，但它对气态导体(如日光灯中的汞蒸气)和其他一些导电器件(电子管、晶体管)则不成立。

一般金属导体电阻的大小与导体的材料和几何形状有关，实验指出，对由一定材料制成的横截面均匀的导体的电阻为

$$R = \rho \frac{l}{S} \tag{9-7}$$

式(9-7)称为**电阻定律**。式中：ρ 为导体的**电阻率**，单位为 $\Omega \cdot m$，其大小由材料性质决定，与导体的形状及大小无关。电阻率的倒数叫**电导率**，用符号 γ 表示，即

$$\gamma = \frac{1}{\rho} \tag{9-8}$$

欧姆定律的微分形式为

$$j = \gamma E \tag{9-9}$$

式(9-9)表明，导体中任意一点的电流密度与该点的电场强度成正比，且方向相同。欧姆定律的微分形式在电流变化不是很快的非稳恒情况下也适用，因此它比欧姆定律的积分式使用更为普遍。利用电阻定律可制成电阻可变的各类可变电阻器，如图 9-2 所示。

当温度发生变化时，导体的电阻率也会改变，实验表明，在通常情况下大多数金属导体的电阻率为

$$\rho = \rho_0 (1 + \alpha T) \tag{9-10}$$

式中：ρ_0 为 0℃时导体的电阻率；α 称为**电阻温度系数**，不同材料其值不同。温度越高，电阻率越大。根据电阻与温度之间的变化关系，可以制成对温度敏感的热敏电阻器，如图 9-2 所示。

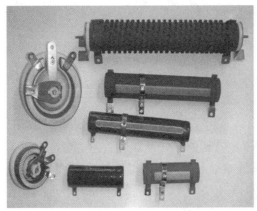

图 9-2　可变电阻器和热敏电阻器

9.2.2　半导体和超导体

一般把电阻率小于 10^{-6} $\Omega \cdot m$ 的材料叫**导体**，电阻率大于 10^6 $\Omega \cdot m$ 的材料叫**绝缘体**，电阻率为 $10^{-6} \sim 10^6$ $\Omega \cdot m$ 的材料叫**半导体**，锗和硅是最常见的半导体。

半导体材料有以下特点：①当温度发生变化时，其导电性能会急剧变化，温度升高，其电阻会急剧减小，并且变化不是线性的。②适当掺杂杂质，其导电性能会急剧增加。③光照时其导电性能也会发生变化。正是基于以上三点，半导体材料才获得了广泛的应用，由此制作的二极管、三极管、场效应管以及集成电路等已成为电子线路最重要的元件。

当温度降到某一待定热力学温度 T_C 时，某些金属、合金以及金属化合物的电阻率会减小到接近于零，这种现象叫**超导现象**。能产生超导现象的材料叫**超导体**，如图 9-3 所示，超

导体处于电阻率为零的状态叫超导态，T_C 叫作**转变温度**。到目前为止，通过对各种金属的实验测定，人们已发现在正常压力下，有 28 种元素具有超导电性。另外有 10 多种金属，在加压和制成高度无序薄膜以后，也会变成超导体。目前约有 5000 种合金和化合物具有超导现象，最高转变温度已接近 200 K。费利等用核磁共振方法测量超导电流产生的磁场来研究螺线管内超导电流的衰减，他们得到的结论是超导电流的衰减时间不短于 10 万年，这样的电流可称为永久电流，可见超导体处于超导态时是一种完全导电的理想导体。1933 年迈斯纳用实验还证明了在超导状态下，超导体内部磁场消失，此时它是一个理想的抗磁体。

图 9-3　高温超导现象

9.2.3　电功及电热定律

电流通过一段电路时，电场力所做的功为

$$W = qU = IUt \tag{9-11}$$

相应功率为

$$P = \frac{W}{t} = IU \tag{9-12}$$

在电场力做功过程中，电势能可转变成其他形式的能，如纯电阻电路将全部转变为内能，电解池电路将转变为化学能和少量电能，电动机电路将转变为机械能和少量内能等。

电流通过电阻时产生的热量由实验得出为

$$Q = I^2 Rt \tag{9-13}$$

式(9-13)叫作**电热定律**，也叫作**焦耳定律**，其电热功率为

$$P = I^2 R \tag{9-14}$$

例 9-1　长为 l，内、外半径分别为 r_A、r_B，中间填满电阻率为 ρ 介质的圆柱形电容器，极间加电压 U_{AB}，试求介质的漏电阻、电流密度和两极间的电场强度。

解　设圆柱形电容器内、外极板间的漏电流为 I，由于漏电流是沿径向从内向外对称分布的，因此在距圆柱轴线 r 处，总电流 I 所通过的截面积为 $S = 2\pi rl$，所以由欧姆定律的微分形式可得该处的电流密度大小为

$$j = \frac{I}{S} = \frac{I}{2\pi rl} = \gamma E = \frac{1}{\rho} E \tag{9-15}$$

可得

$$E = \frac{I\rho}{2\pi rl} \tag{9-16}$$

而

$$U_{AB} = \int_A^B \boldsymbol{E} \cdot \mathrm{d}\boldsymbol{l} = \int_A^B E \mathrm{d}r = \int_{r_A}^{r_B} \frac{I\rho}{2\pi rl} \mathrm{d}r = \frac{I\rho}{2\pi l} \ln \frac{r_B}{r_A} \tag{9-17}$$

可得漏电阻为

$$R = \frac{U_{AB}}{I} = \frac{\rho}{2\pi l} \ln \frac{r_B}{r_A} \tag{9-18}$$

漏电流密度大小为

$$j = \frac{I}{2\pi rl} = \frac{U_{AB}}{r\rho \ln(r_B/r_A)} \tag{9-19}$$

两极板间的场强大小

$$E = \rho j = \frac{U_{AB}}{r\ln(r_B/r_A)} \tag{9-20}$$

$\boldsymbol{E}$ 和 $\boldsymbol{j}$ 的方向都是沿径向向外。

§9.3　电动势　非均匀电路的欧姆定律

9.3.1　电动势

仅有静电力是不能形成稳恒电流的,为了形成稳恒电流,必须有一种装置,它能为电路提供一种非静电力,从而把正、负电荷分开以维持电势差不变。在电路中,把能够提供这种非静电力的装置叫作**电源**。从能量的角度讲,电源是一种向电路提供能量的装置,干电池、蓄电池、发电机等都属于电源。

电源是一种能量转换装置,它的作用是通过非静电力对电荷做功,把其他形式的能量转换为电路所需的电能。不同的电源,非静电力的形式不同,所以能量转换的方式也不同。电源工作时就是靠非静电力做功不断地把正电荷从负极推向正极,其能力的大小用电源的电动势 ε 来表示,其定义为:**把单位正电荷从电源的低电位(负极)推向高电位(正极)时非静电力所做的功**,用公式表示为

$$\varepsilon = \frac{W}{q} = \int_-^+ \frac{\boldsymbol{F}_k}{q} \cdot \mathrm{d}\boldsymbol{l} = \int_-^+ \boldsymbol{E}_k \cdot \mathrm{d}\boldsymbol{l} \tag{9-21}$$

式中: $\boldsymbol{E}_k = \boldsymbol{F}_k/q$ 为非静电力场,数值上等于单位正电荷受的非静电力,方向和正电荷受的非静电力的方向相同。

电动势是一个标量,单位为伏特(V),其大小只取决于电源本身的性质,与电源外电路的连接方式无关。为了使用方便,常规定电动势的方向为电源内部电势升高的方向,也即从负极指向正极。

表征电源的另一个重要参数是电源的内阻 r,它对电流有阻碍作用,电能会因此损失而使电源发热。

9.3.2 非均匀电路的欧姆定律

非均匀电路即**含源电路**。对于一段含源电路，其欧姆定律的表达式为

$$U_{AB} = \sum_i \varepsilon_i - \sum_i I_i(R_i + r_i) \tag{9-22}$$

式中的符号法则规定为：

（1）U_{AB} 表示选定方向为 $A \to B$，若 $U_{AB} > 0$，表明电势升高，$U_B > U_A$；若 $U_{AB} < 0$，表明电势降低，$U_B < U_A$。

（2）若电阻中的电流方向与选定方向相同，则电势降落，电压取 $-IR$；反之取 $+IR$。对电源内阻 r 亦相同。

（3）若电动势的方向（负极指向正极）与选定方向相同，则电势升高，取 $+\varepsilon$；反之，取 $-\varepsilon$。

如图 9-4 所示的电路，如果选定方向为 $A \to B$，则电势差

$$\begin{aligned} U_{AB} &= -I_1R_1 - \varepsilon_1 - I_1r_1 + \varepsilon_2 + I_2r_2 + I_2R_2 - \varepsilon_3 + I_2r_3 \\ &= \varepsilon_2 - \varepsilon_1 - \varepsilon_3 - I_1R_1 - I_1r_1 + I_2r_2 + I_2R_2 + I_2r_3 \end{aligned} \tag{9-23}$$

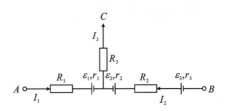

图 9-4 含源电路

9.3.3 闭合电路的欧姆定律

如图 9-5 所示，电源 ε 向电路提供能量，其功率为 $P = \varepsilon I$，而外电阻 R 和内电阻 r 在电路上消耗的功率分别为 I^2R 和 I^2r，这样由能量守恒定律可得

$$\varepsilon I = I^2R + I^2r$$

即

$$I = \frac{\varepsilon}{R+r} \tag{9-24}$$

式（9-24）表明，闭合电路中的电流等于电源的电动势与总电阻之比，这一结论称为**闭合电路的欧姆定律**。

图 9-5 闭合电路 1

关于闭合电路的欧姆定律，应注意以下几点：

（1）当 $R \to \infty$ 时，外电路开路，$I = 0$，此时电路上没有电流；当 $R = 0$ 时，外电路短路，$I =$

ε/r，但由于一般 r 很小，I 很大，所以极易烧毁电源，应注意避免发生这种情况。

（2）对式（9-24）变形可得 $IR+Ir-\varepsilon=0$，即在稳恒电路中，从电路的某一点出发，绕电路一周，各个元件的电压之和为零。这是一个很重要的结论，在分析电路时经常用到。

（3）电源两端的电压 U_{AB} 称为路端电压，$U_{AB}=IR=\varepsilon-Ir$，它是电源向电路提供能量（也称为放电）时的电压。

如图 9-6 所示的电路，根据电压可以列出方程

$$-IR-\varepsilon_1-Ir_1+\varepsilon_2-Ir_2=0$$

$$I=\frac{\varepsilon_2-\varepsilon_1}{R+r_1+r_2} \tag{9-25}$$

即

$$I=\frac{\sum\varepsilon}{\sum R+\sum r} \tag{9-26}$$

式（9-26）是闭合电路欧姆定律的普遍形式。

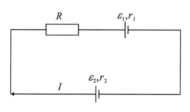

图 9-6　闭合电路 2

§9.4　基尔霍夫定律

如果电路含有多个电源、多个电阻，此时的电路将变得非常复杂，对于这些电路显然用欧姆定律是无法求解的，需要用到解算复杂电路的基本定律：**基尔霍夫定律**。在学习该定律之前，需要介绍几个名词（以图 9-7 电路为例）。

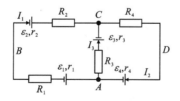

图 9-7　基尔霍夫定律应用电路

（1）**支路**：由电源和用电器串联而成的电流强度相同的通路，如图 9-7 中的 ABC、ADC、AC。

（2）**节点**：三个或三个以上支路汇交之点，如 A 点和 C 点。

(3)**回路**:由支路构成的闭合通路,如 ABC、ACD、$ABCD$。

9.4.1 节点电流定律

节点电流定律又称为基尔霍夫电流定律,即

$$\sum I = 0 \tag{9-27}$$

其内容表述为:在任一节点处的电流之和为零,或者说流入节点的电流(一般规定流入为负)等于流出节点的电流(流出为正)。这实质上就是电流连续性方程或者说就是电荷守恒定律的反映。

图 9-7 中,对 C 点运用节点电流定律可得

$$I_2 = I_1 + I_3 \tag{9-28}$$

9.4.2 回路电压定律

回路电压定律又称为基尔霍夫电压定律,即

$$\sum \varepsilon = \sum IR = 0 \tag{9-29}$$

其内容表述为:沿任一闭合回路的电势降落为零,或者说电势增高量值等于电势降落量值。这实质上就是能量守恒定律的反映。

图 9-7 中,对 ABC 回路运用回路电压定律可得

$$\varepsilon_2 - I_1 r_2 - I_1 R_2 + \varepsilon_3 + I_3 r_3 + I_3 R_3 - \varepsilon_1 - I_1 r_1 - I_1 R_1 = 0 \tag{9-30}$$

9.4.3 基尔霍夫定律的应用

应用基尔霍夫定律可解任何复杂电路问题,其解题步骤为:

(1)假定电流方向和回路方向。

(2)找节点,若有 n 个节点,就可列出 $(n-1)$ 个独立的节点电流方程。

(3)找回路,只要回路内有一段新电路,则这个回路就是独立的,或者找网孔(即单孔回路),因为网路中每一网孔方程必然是独立的,这样又可列出 m 个(网孔数)回路电压方程。

(4)联立求解,当 $I>0$ 时,表明真实方向和假定方向一致,当 $I<0$ 时,则相反。

例 9-1 试求图 9-8 所示电路的各支路电流。设 $R_1 = R_2 = R_3 = R_4 = 2$ Ω,$r_1 = r_2 = r_3 = r_4 = 1$ Ω,$\varepsilon_1 = 10$ V,$\varepsilon_2 = 20$ V,$\varepsilon_3 = 30$ V,$\varepsilon_4 = 40$ V。

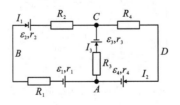

图 9-8 例 9-1 图

解 ①图中已标出假定的电流方向,回路方向选择顺时针方向。

②找节点,共两个,可列一个独立的节点电流方程。对 C 点有

$$I_2 = I_1 + I_3 \tag{9-31}$$

③共两个网孔，选取回路 ABC、ADC，可列两个独立的回路电压方程

$$\varepsilon_2 - I_1 r_2 - I_1 R_2 + \varepsilon_3 + I_3 r_3 + I_3 R_3 - \varepsilon_1 - I_1 r_1 - I_1 R_1 = 0 \tag{9-32}$$

$$-I_2 R_4 - \varepsilon_4 - I_2 r_4 - I_3 R_3 - \varepsilon_3 - I_3 r_3 = 0 \tag{9-33}$$

解得：$I_1 = \dfrac{2}{3}(\text{A})$，$I_2 = -\dfrac{34}{3}(\text{A})$，$I_3 = -12(\text{A})$。

可以看出，I_2、I_3 两电流的方向与假设的方向相反。

例 9-2　图 9-9 所示电路叫作惠斯登电桥，R_0 为标准电阻，R_x 为待测电阻，AC 是均匀电阻箱，测量时将触点在 AC 上滑动使电流计 G 的读数为零，则 $R_x = R_0 \dfrac{R_{AD}}{R_{DC}}$，试证之。

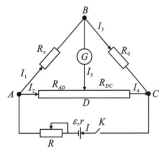

图 9-9　例 9-2 图

证明：对节点 A、B、D 分别运用节点电流定律可得

$$I = I_1 + I_2 \tag{9-34}$$

$$I_1 = I_3 + I_5 \tag{9-35}$$

$$I_4 = I_2 + I_5 \tag{9-36}$$

对回路 $ADCKA$、$ABDA$、$BCDB$ 分别运用回路电压定律(顺时针为正)可得

$$\varepsilon - Ir - IR - I_2 R_{AD} - I_4 R_{DC} = 0 \tag{9-37}$$

$$-I_1 R_x - I_5 R_G + I_2 R_{AD} = 0 \tag{9-38}$$

$$-I_3 R_0 + I_4 R_{DC} + I_5 R_G = 0 \tag{9-39}$$

当电桥平衡时，检流计 G 的电流为零，即 $I_5 = 0$，同时有 $I_1 = I_3$、$I_2 = I_4$，将这些结论代入回路电压方程，可得

$$I_1 R_x = I_2 R_{AD}, \quad I_1 R_0 = I_4 R_{DC} \tag{9-40}$$

两式相除即得证明结果。

§9.5　等效电源定理与叠加定理

9.5.1　等效电源定理

等效电源定理在电路计算中应用很广泛，利用它常可将复杂电路简化为单回路，从而使计算大为简化。等效电源定理包括**等效电压源定理**和**等效电流源定理**。

1. 电压源和电流源

如果一个电源不论外电路如何变化，电源的端电压 U_S 总是恒定不变，这种电源就称为**恒压源**，电源内电阻 $r = 0$ 的电源就是这种理想的恒压源。在非理想情况下 $r \neq 0$，这样的电源叫**电压源**，它相当于一个电阻 r 和恒压源的串联，如图 9-10 所示。

如果一种电源，不管外电路如何变化，它总是提供不变的电流 I_S，这种理想的电源就叫作**恒流源**。例如一个电池串联一个很大的电阻就可近似看作一个恒流源，因为当外电阻变化时，电路上的电流几乎不变。在非理想的情况下，这样的电源叫作**电流源**，它相当于一个电阻和恒流源的并联，如图 9-11 所示。

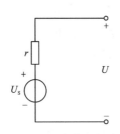

图 9-10　电阻与恒压源串联

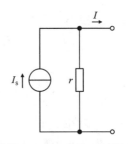

图 9-11　电阻与恒流源并联

实际电源既可看成是电压源，也可看成是电流源，也就是说电压源和电流源之间可以等效。所谓等效，就是对于同样的外电路来说，它们所产生的电压和电流相同。实际的电压电流源如图 9-12 所示，通过它可以输出持续稳定的电流或电压。

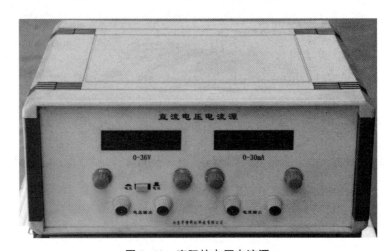

图 9-12　实际的电压电流源

2. 等效电压源定理

等效电压源定理也叫**戴维南定理**，其内容可表述为：**有源二端网络可等效为一个电压源，其电动势等于网络的开路端电压，内阻等于从网络两端看除源(将电动势短路)网络的电阻。**

例 9-3　求图 9-13(a)所示电路中 R_3 支路的电流 I_3。已知 $U_{S1} = 110$ V，$U_{S2} = 90$ V，$R_1 = 1\ \Omega$，$R_2 = 2\ \Omega$，$R_3 = 20\ \Omega$。

解　将电路用等效电压源替换成图 9-13(b)所示简单电路，只要求出等效电压及等效电阻就可得到要求的电流 I_3。等效电压看作是 ab 开路时的路端电压，等效电阻看作是电压源短路时的 ab 端网络电阻，根据以上操作可得等效电路如下：

由图 9-14(a)可得

$$U_S = U_{S1} - R_1 \frac{U_{S_1} - U_{S2}}{R_1 + R_2} = 103.3\ (\text{V})$$

由图 9-14(b)可得

$$R_0 = R_1 // R_2 = \frac{R_1 R_2}{R_1 + R_2} = 0.667 \text{ (} \Omega \text{)}$$

最终可得电流为

$$I_3 = \frac{U_S}{R_0 + R_3} = 5 \text{ (A)}$$

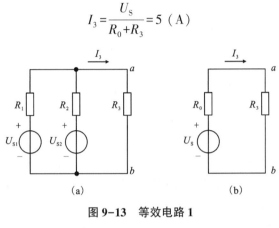

图 9-13 等效电路 1

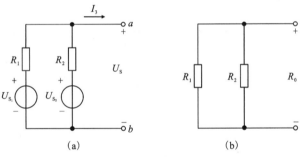

图 9-14 等效电路 2

3. 等效电流源定理

等效电流源定理也叫**诺顿定理**，其内容可表述为：有源二端网络可等效为一个电流源，其电流 I_0 等于网络两端短路时流经两端点的电流，内阻等于从网络两端看除源(将恒流源开路)网络的电阻。

9.5.2 叠加定理

叠加定理可表述为：若电路中有多个电源，则通过电路中任一支路的电流(或支路两端的端电压)等于各个电源单独作用时，在该支路产生的电流(或端电压)之和。

应用叠加定理处理电路时，应注意：

(1)电源单独作用是指某一电源作用时，其他电源必须全部置零，所谓置零是指对理想电压源要作短路处理，对理想电流源要作开路处理。

(2)在对各电源单独作用产生的电流或电压取和时，应注意电流或电压的正负，即与参考方向相同者取正，否则取负。

(3)叠加原理只能用于处理线性电路中的线性参量。所谓线性电路是指由线性元件(如电源、电阻等)组成的电路，其中不包含非线性元件(如三极管、二极管等)。线性参量是指电路中的电流和电压，不包括功率等。

例9-4 求图9-15所示电路中 R_3 支路的电流 I_3。

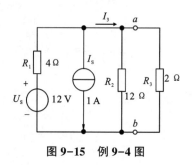

图9-15 例9-4图

解 图9-15中既包含有电压源又包含有电流源，因此需要先运用两种电源间的等效变换将其中一种变为另一种，然后用叠加原理将多个同种类型等效电源进行合并，最后得到电流。这里选择将电压源等效变换为电流源，如图9-16所示。

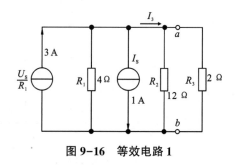

图9-16 等效电路1

通过叠加原理将两电流源进行合并，同时将其进一步变换为电压源，可得图9-17。

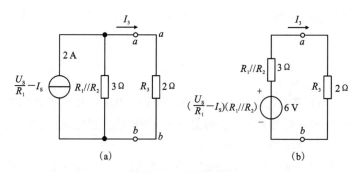

图9-17 等效电路2

通过变换最终可求得电流 I_3 为

$$I_3 = \frac{6}{3+2} = 1.2 \ (\text{A})$$

9.5.3 Y-△等效变换

在一些复杂网络电路中常遇到电阻接成 Y 形或△形, 如图 9-18(a)和 9-18(b)所示, 如果要计算其等效电阻, 是很复杂的。但在有些情况下, 如果把 Y 形变换成等效的△形连接, 则可简化计算。所谓等效是指要求 Y 形的三个端钮的电位 U_1, U_2, U_3 以及流过的电流 I_1, I_2, I_3 与△形的三个端钮相同。

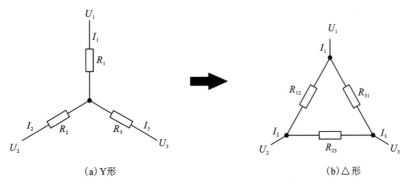

(a)Y形　　　　　　　　　　(b)△形

图 9-18　电阻接成 Y 形或△形

可以证明, 从 Y 形连接到△形连接和从△形连接到 Y 形连接, 各电阻之间的变换关系分别为

$$\begin{cases} R_{12} = \dfrac{R_1R_2+R_2R_3+R_3R_1}{R_3} \\[2mm] R_{23} = \dfrac{R_1R_2+R_2R_3+R_3R_1}{R_1} \\[2mm] R_{31} = \dfrac{R_1R_2+R_2R_3+R_3R_1}{R_2} \end{cases} \tag{9-41}$$

$$\begin{cases} R_1 = \dfrac{R_{31}R_{12}}{R_{12}+R_{23}+R_{31}} \\[2mm] R_2 = \dfrac{R_{12}R_{23}}{R_{12}+R_{23}+R_{31}} \\[2mm] R_3 = \dfrac{R_{23}R_{31}}{R_{12}+R_{23}+R_{31}} \end{cases} \tag{9-42}$$

本章小结

（1）形成传导电流的条件为：物体中有可移动的电荷，即载流子；物体两端有电势差或物体内有电场。

（2）电流强度：$I = \dfrac{\mathrm{d}q}{\mathrm{d}t}$。

（3）电流密度矢量：$\boldsymbol{j} = \dfrac{\mathrm{d}I}{\mathrm{d}S_\perp}\hat{n}_0$。

（4）电流连续性方程：$\displaystyle\oint_S \boldsymbol{j} \cdot \mathrm{d}\boldsymbol{S} = -\dfrac{\mathrm{d}q}{\mathrm{d}t}$。

（5）均匀电路的欧姆定律：$I = \dfrac{U_{ab}}{R}$。

（6）电阻定律：$R = \rho\dfrac{l}{S}$。

（7）欧姆定律的微分形式：$\boldsymbol{j} = \gamma\boldsymbol{E}$。

（8）电功率及电热功率：$P = IU$；$P = I^2 R$。

（9）电动势：$\varepsilon = \displaystyle\int_-^+ \boldsymbol{E}_k \cdot \mathrm{d}\boldsymbol{l}$。

（10）非均匀电路的欧姆定律：$U_{AB} = \displaystyle\sum_i \varepsilon_i - \sum_i I_i(R_i + r_i)$。

（11）闭合电路的欧姆定律：$I = \dfrac{\varepsilon}{R + r}$。

（12）基尔霍夫电流定律（节点电流定律）：$\sum I = 0$。

（13）基尔霍夫电压定律（回路电压定律）：$\sum \varepsilon = \sum IR = 0$。

（14）等效电压源定理（戴维南定理）：有源二端网络可等效为一个电压源，其电动势等于网络的开路端电压，内阻等于从网络两端看除源（将电动势短路）网络的电阻。

（15）等效电流源定理（诺顿定理）：有源二端网络可等效为一个电流源，其电流 I_0 等于网络两端短路时流经两端点的电流，内阻等于从网络两端看除源（将恒流源开路）网络的电阻。

（16）叠加定理：若电路中有多个电源，则通过电路中任一支路的电流（或支路两端的端电压）等于各个电源单独作用时，在该支路产生的电流（或端电压）之和。

（17）Y-△ 等效变换：

$$\begin{cases} R_{12} = \dfrac{R_1 R_2 + R_2 R_3 + R_3 R_1}{R_3} \\[2mm] R_{23} = \dfrac{R_1 R_2 + R_2 R_3 + R_3 R_1}{R_1} \\[2mm] R_{31} = \dfrac{R_1 R_2 + R_2 R_3 + R_3 R_1}{R_2} \end{cases} \qquad \begin{cases} R_1 = \dfrac{R_{31} R_{12}}{R_{12} + R_{23} + R_{31}} \\[2mm] R_2 = \dfrac{R_{12} R_{23}}{R_{12} + R_{23} + R_{31}} \\[2mm] R_3 = \dfrac{R_{23} R_{31}}{R_{12} + R_{23} + R_{31}} \end{cases}$$

练习题

基础练习

1. 如图 9-19 所示是一实验电路图，在滑动触头由 a 端滑向 b 端的过程中，下列述正确的是(　　)。

　A. 路端电压变小　　　　　　　　B. 电流表的示数变大

　C. 电源内阻消耗的功率变小　　　　D. 电路的总电阻变大

2. 如图 9-20 所示，电路中电源的电动势为 E，内电阻为 r，开关 S 闭合后，当滑动变阻器 R 的滑动片 P 向右移动的过程中，三盏规格相同的小灯泡 L_1、L_2、L_3 的亮度变化情况是(　　)。

　A. 灯 L_1、L_2 变亮，灯 L_3 变暗　　　　B. 灯 L_2、L_3 变亮，灯 L_1 变暗

　C. 灯 L_1、L_3 变亮，灯 L_2 变暗　　　　D. 灯 L_1 变亮，灯 L_2、L_3 变暗

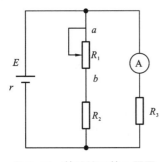

图 9-19　基础练习第 1 题图

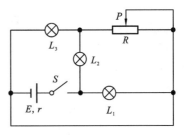

图 9-20　基础练习第 2 题图

3. 某同学按如图 9-21 所示电路进行实验，电压表内阻看作无限大，电流表内阻看作零。实验中由于电路发生故障，发现两电压表示数相同了(但不为零)，若这种情况的发生是由用电器引起的，则可能的故障原因是(　　)。

　A. R_3 短路　　　　B. R_P 短路

　C. R_3 断开　　　　D. 断开

4. 在图 9-22 所示的电路中，电源电动势为 3.0 V，内阻不计，L_1、L_2、L_3 为 3 个相同规格的小灯泡，这种小灯泡的伏安特性曲线如图 9-22 所示。当开关闭合后，下列判断正确的是(　　)。

　A. 灯泡 L_1 的电阻为 12 Ω

　B. 通过灯泡 L_1 的电流为通过灯泡 L_2 电流的 2 倍

　C. 灯泡 L_1 消耗的电功率为 0.75 W

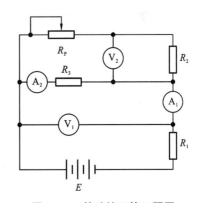

图 9-21　基础练习第 3 题图

D. 灯泡 L_2 消耗的电功率为 0.30 W

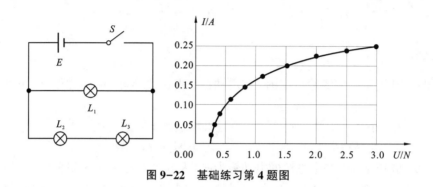

图 9-22　基础练习第 4 题图

5. 一只电流表的满偏电流为 $I_g = 3$ mA，内阻为 $R_g = 100$ Ω，若改装成量程为 $I = 30$ mA 的电流表，应并联的电阻阻值为_____Ω；若将改装改装成量程为 $U = 15$ V 的电压表，应串联一个阻值为_____Ω 的电阻。

6. 反映实际电路器件耗能电磁特性的理想电路元件是_____元件；反映实际电路器件储存磁场能量特性的理想电路元件是_____元件；反映实际电路器件储存电场能量特性的理想电路元件是_____元件，它们都是无源_____元件。

7. 用伏安法测电阻，可采用如图 9-23 所示的甲、乙两种接法。如所用电压表内阻为 5000 Ω，电流表内阻为 0.5 Ω。

（1）当测量 100 Ω 左右的电阻时，宜采用_____电路。

（2）现采用乙电路测量某电阻的阻值时，两电表的读数分别为 10 V、0.5 A，则此电阻的测量值为_____Ω，真实值为_____Ω。

8. 如图 9-24 所示电路中，滑动变阻器的滑片处在中间位置时，电压表和电流表（均为理想电表）的示数分别为 1.6 V 和 0.4 A，当滑动变阻器的滑片移动到最右端时，它们的示数各改变 0.1 V 和 0.1 A，求电源的电动势和内阻。

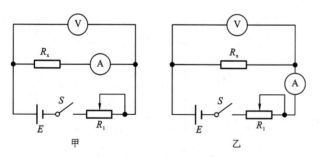

图 9-23　基础练习第 7 题图

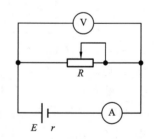

图 9-24　基础练习第 8 题图

综合进阶

1. 两个截面不同、长度相同的用同种材料制成的电阻棒，串联时如图 9-25（a）所示，并联时如图 9-25(b)所示,该导线的电阻忽略,则其电流密度 J 与电流 I 应满足(　　)。

A. $I_1=I_2$; $J_1=J_2$; $I_1'=I_2'$; $J_1'=J_2'$

B. $I_1=I_2$; $J_1>J_2$; $I_1'<I_2'$; $J_1'=J_2'$

C. $I_1<I_2$; $J_1=J_2$; $I_1'=I_2'$; $J_1'>J_2'$

D. $I_1<I_2$; $J_1>J_2$; $I_1'<I_2'$; $J_1'>J_2'$

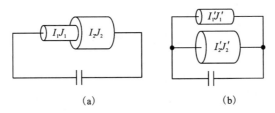

(a)　　　　　　　　(b)

图 9-25　综合进阶第 1 题图

2. 室温下,铜导线内自由电子数密度为 $n=8.5\times10^{28}$ 个/m³, 电流密度的大小 $J=2\times10^6$ A/m², 则电子定向漂移速率为(　　)。

A. 1.5×10^{-4} m/s　　　　　　B. 1.5×10^{-2} m/s

C. 5.4×10^{2} m/s　　　　　　D. 1.1×10^{5} m/s

3. 在如图 9-26 所示的电路中,两电源的电动势分别为 E_1、E_2, 内阻分别为 r_1、r_2, 三个负载电阻阻值分别为 R_1、R_2、R, 电流分别为 I_1、I_2、I_3, 方向如图 9-26 所示,则由 A 到 B 的电势增量 U_B-U_A 为(　　)。

A. $E_2-E_1-I_1R_1+I_2R_2-I_3R$

B. $E_2+E_1-I_1(R_1+r_1)+I_2(R_2+r_2)-I_3R$

C. $E_2-E_1-I_1(R_1-r_1)+I_2(R_2-r_2)$

D. $E_2-E_1-I_1(R_1+r_1)+I_2(R_2+r_2)$

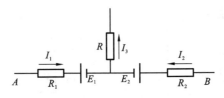

图 9-26　综合进阶第 3 题图

4. 用一根铝线代替一根铜线接在电路中,若铝线和铜线的长度、电阻都相等,那么当电路与电源接通时铜线和铝线中电流密度之比 $J_1:J_2=$ _____ (铜电阻率 1.67×10^6 cm, 铝电阻率 2.66×10^6 cm)。

5. 两同心导体球壳,内球、外球半径分别为 r_a、r_b, 其间充满电阻率为 ρ 的绝缘材料,求两球壳之间的电阻。

6. 已知电路如图 9-27 所示,试计算 a、b 两端的电阻。

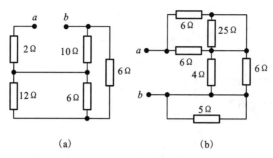

图 9-27 综合进阶第 6 题图

7. 根据基尔霍夫定律,求图 9-28 所示电路中的电流 I_1 和 I_2。

8. 已知电路如图 9-29 所示,其中 $E_1 = 15$ V,$E_2 = 65$ V,$R_1 = 5$ Ω,$R_2 = R_3 = 10$ Ω。试用支路电流法求 R_1、R_2 和 R_3 三个电阻上的电压。

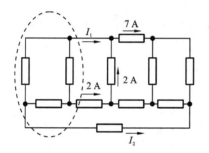

图 9-28 综合进阶第 7 题图

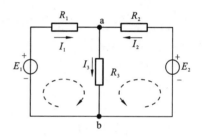

图 9-29 综合进阶第 8 题图

9. 试用支路电流法,求图 9-30 所示电路中的电流 I_1、I_2、I_3、I_4 和 I_5(只列方程不求解)。

10. 试用电源等效变换的方法,求如图 9-31 所示电路中的电流 I。

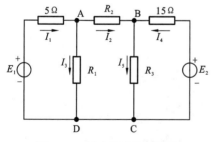

图 9-30 综合进阶第 9 题图

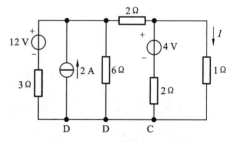

图 9-31 综合进阶第 10 题图

练习题参考答案

第 10 章

稳恒磁场与磁介质

高中物理知识点回顾

实验表明，在运动电荷的周围，不仅存在着电场，还存在着磁场。本章主要介绍磁学的基本内容，包括真空中的稳恒磁场和磁介质两部分，具体内容有：磁感应强度，磁场中的高斯定理，毕奥-萨伐尔定律，安培环路定理，安培定律，磁场对电流和运动电荷的作用，带电粒子在磁场中的运动，磁介质的分类，有磁介质时的安培环路定理等。

§10.1 磁场 磁感应强度

早在5000多年前，人类就发现了天然磁石。2000多年前，我国先人将天然磁石磨成勺形放在光滑的平面上，在地磁的作用下，勺柄指南，故称为"司南"，此即世界上最早出现的指南仪[图10-1(a)]。后来，人们用磁铁与铁针摩擦磁化，制成世界上最早的指南针[图10-1(b)]。明朝时期郑和凭借指南针完成了人类历史上航海的伟大创举，哥伦布、达·伽马、麦哲伦等人凭借由中国传来的指南针进行了闻名全球的航海发现。

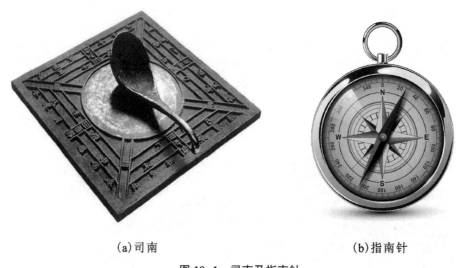

(a)司南　　　　　　　　　　　　　　　(b)指南针

图10-1　司南及指南针

早在公元前700年，人类就已经知道了磁现象(图10-2)，即磁铁石能够吸引铁等金属，但之后很长一段时间，对磁性的研究都只停留在其宏观表象上。直到19世纪，丹麦物理学家奥斯特发现了电流的磁场、英国物理学家法拉第发现磁场对电流的作用以后，人们才逐渐认识到电现象与磁现象的本质和联系，扩大了磁学的应用范围。到20世纪初，原子结构理论建立并发展，人们才更加认识到磁场也是物质的一种形式，磁力是运动电荷与运动电荷之间的相互作用。

在对电场的学习中，我们知道静止电荷之间的相互作用是通过电场实现的，在本章内容的学习中，我们则会学习到运动电荷之间的相互作用是通过磁场来实现的。实验表明，**运动电荷(电流)在其周围的空间会激发磁场**，而反过来，**磁场则对其中的另一些运动电荷(电流)产生相互作用**，即

运动电荷(电流)⟺磁场⟺运动电荷(电流)

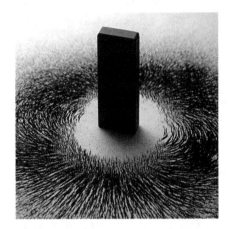

图 10-2　磁现象

任何磁铁都有南、北两个磁极,目前自然界尚没有发现磁单极(即单独的南极或北极)的存在。磁极之间的相互作用规律为:**同种磁极互相排斥,异种磁极互相吸引**(图 10-3)。

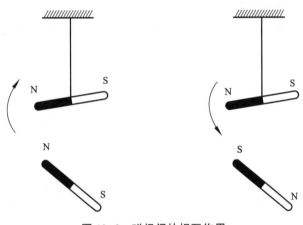

图 10-3　磁极间的相互作用

一切磁现象源于电荷运动,那么对于天然磁石的磁性又怎样理解呢?这可以用安培于 1822 年提出的**分子电流假设**来解释。组成磁铁的分子等效于环形电流,环形电流的形成是电子的轨道运动和自旋运动所致,若这些分子环流定向排列起来,在宏观上就显示出磁效应。这一环形电流称为分子电流的观点与物质的电结构理论相符合,对于物质磁性的解释也是成功的。

对于电场,我们引入电场强度来描述电场,并且用单位实验电荷所受的力来定义电场强度,与此相似,可以用磁场对运动电荷的作用力引入描述磁场的物理量——**磁感应强度**。

实验表明:在磁场中放一可自由转动的小磁针,在不同的位置一般有不同的指向,通常把小磁针在静止时 N 极所指的方向规定为小磁针所在处磁场的方向,当电荷沿这一方向运动时,电荷不受力。

如图 10-4 所示,运动电荷在磁场中任一点 P 处受力的方向总是垂直于磁场和运动速度的方向所确定的平面,其大小与运动电荷的电荷 q、速度 v 和磁场方向的夹角 θ 有关:当电荷运动方向与磁场方向垂直时,它所受的磁力最大,其大小 F_{max} 与电荷电量 q 和速度 v 的乘积成正比。但是对磁场中某点来说,其比值 F_{max}/qv 是确定的。对于磁场中不同的点,该比值一般来说有不同的确定值,把这个比值规定为磁场中 P 点处的磁感应强度的大小,即

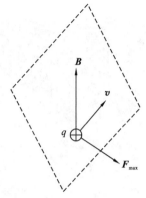

$$B = \frac{F_{max}}{qv} \qquad (10\text{-}1)$$

图 10-4 运动电荷在磁场中的受力

由实验知,磁感应强度的方向沿 $F_{max} \times v$ 方向,考虑 B 的大小和方向,将其写成矢量表示式为

$$\boldsymbol{B} = \frac{\boldsymbol{F}_{max} \times \boldsymbol{v}}{qv^2} \qquad (10\text{-}2)$$

在国际单位制中,磁感应强度 B 的单位为特斯拉(T),$1\ T = 1\ N/(A \cdot m)$。工程上常用高斯作为磁感应强度的单位,两者的关系为 $1\ G = 10^{-4}\ T$。

如果磁场中某一区域内各点的磁感应强度 B 都相同,即在此区域内各点 B 的大小相等、方向相同,则称此区域内磁场是均匀的。地球磁场约为 $0.5 \times 10^{-4}\ T$,一般永久磁铁的磁场约为 $10^{-2}\ T$,大型电磁铁能产生约 $2\ T$ 的磁场。

§10.2 磁通量 磁场中的高斯定理

10.2.1 磁感应线

类似于电场中引入电场线的方法,在磁场中可以引入**磁感应线**来形象地描述磁场。磁感应线也是一些有向曲线,**曲线上任意一点的切向方向代表此点的磁感应强度 B 的方向,通过垂直于磁感应强度 B 的单位面积上的磁感应线的条数正比于该处 B 的大小**。磁感应线的分布可以用实验的方法显示出来,如图 10-5 所示,在磁场中放一块

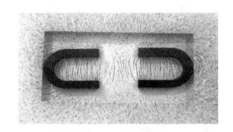

图 10-5 磁感应线

玻璃板,其上撒满铁屑,用手轻轻敲击,铁屑在板上会按磁感应线的形状排列。图 10-6 为几种典型电流分布所产生的磁场的磁感应线分布图。

磁感应线有如下性质:

(1)磁感应线是闭合曲线,或者说从无限远处来,又到无限远处去,没有起点,也没有终点。

(2)由于磁场中各处磁感应强度的方向是确定的,因此磁感应线不会相交。

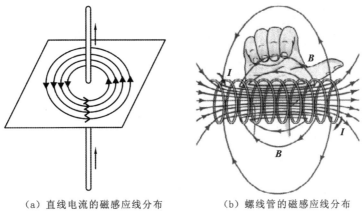

　　（a）直线电流的磁感应线分布　　　　　（b）螺线管的磁感应线分布

图 10-6　磁感应线分布图

10.2.2　磁通量磁场中的高斯定理

　　与电场中引入电通量的方法类似，磁场中也可相应引入**磁通量**。通过磁场中某一曲面的磁感应线数目称为通过此曲面的磁通量，简称**磁通**，用符号 Φ_m 表示。

　　如图 10-7 所示，在均匀磁场中取一面积为 S 的平面，其单位法线矢量 $\hat{n}$ 与磁感应强度 $\boldsymbol{B}$ 之间的夹角为 θ。由于面 S 在垂直于 $\boldsymbol{B}$ 方向的投影为 $S\cos\theta$，因此按磁通量的定义有

$$\Phi_m = BS\cos\theta = \boldsymbol{B} \cdot \boldsymbol{S} \qquad (10\text{-}3)$$

当 $\theta = 0°$，即 $\hat{n}$ 与 $\boldsymbol{B}$ 的方向相同时，通过面 S 的磁通量最大，为 $\Phi_m = BS$；当 $\theta = 90°$，即 $\hat{n}$ 与 $\boldsymbol{B}$ 垂直时，通过面 S 的磁通量为零。

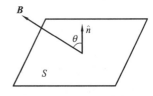

图 10-7　磁通量的定义

　　如果是非均匀磁场情况，可以在曲面 S 上取一面积元 $\mathrm{d}S$，$\mathrm{d}S$ 上的磁感应强度可看成是均匀的，从而通过面积元 $\mathrm{d}S$ 的磁通量为

$$\mathrm{d}\Phi_m = B\mathrm{d}S\cos\theta = \boldsymbol{B} \cdot \mathrm{d}\boldsymbol{S} \qquad (10\text{-}4)$$

通过整个曲面的磁通量等于通过这些面积元 $\mathrm{d}S$ 磁通量的总和，即

$$\Phi_m = \int_S \mathrm{d}\Phi_m = \int_S \boldsymbol{B} \cdot \mathrm{d}\boldsymbol{S} \qquad (10\text{-}5)$$

　　当面 S 为闭合曲面时，磁感应线从曲面内穿出时，磁通量为正；从曲面外穿入时，磁通量为负。由于磁感应线是闭合的，即无磁单极存在，那么对于任一封闭的曲面，穿入和穿出的磁感应线数目相等，因此，**通过任一闭合曲面的磁通量为零**，即

$$\oint_S \boldsymbol{B} \cdot \mathrm{d}\boldsymbol{S} = 0 \qquad (10\text{-}6)$$

　　这个结论称为**磁场中的高斯定理**，它表明了磁场的重要性质，反映了磁场和静电场在本质上的区别。通过任意闭合曲面的电通量可以不为零，而通过任意闭合曲面的磁通量必为零，说明**静电场是有源场，磁场则是无源场**。在国际单位制中，磁通量的单位为韦伯（Wb），简称韦。

§10.3 毕奥-萨伐尔定律

10.3.1 毕奥-萨伐尔定律的内容

运动的电荷即电流产生了磁场,那么多大的电流能产生多大的磁场呢? 毕奥和萨伐尔通过大量的实验事实和理论推断、分析归纳,得出了电流产生磁场的定性规律,即毕奥-萨伐尔定律,如图 10-8 所示。其具体内容如下:

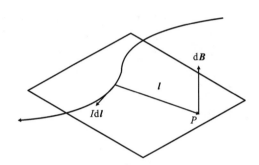

图 10-8 毕奥-萨伐尔定律图示

在真空中,载流导线上任一电流元 Idl 在给定场点 P 点处产生的磁感应强度 $d\boldsymbol{B}$ 与电流元 Idl 成正比,与电流元和由电流元到 P 点的矢径 r 之间夹角 θ 的正弦成正比,并与矢径 r 的平方成反比;磁感应强度 $d\boldsymbol{B}$ 的方向垂直于电流元 Idl 和矢径 r 所组成的平面,指向由电流元 Idl 经小于 $180°$ 的角转向矢径 r 的右螺旋前进的方向。其用公式表示为

$$d\boldsymbol{B} = \frac{\mu_0}{4\pi} \frac{Id\boldsymbol{l} \times \hat{r}}{r^2} \tag{10-7}$$

式中: 比例系数为 $\mu_0/4\pi$,$\mu_0 = 4\pi \times 10^{-7}$ T/(m·A),称为真空中的磁导率。类似于求电场时把不均匀带电体分成许多电荷元,毕奥-萨伐尔定律中将任意形状的载流导线分成许多的**电流元 Idl**,从而在知道了电流元产生的磁场 $d\boldsymbol{B}$ 后,再根据叠加原理求出任意形状的电流所产生的磁场,即

$$\boldsymbol{B} = \int d\boldsymbol{B} = \frac{\mu_0}{4\pi} \int \frac{Id\boldsymbol{l} \times \hat{r}}{r^2} \tag{10-8}$$

式(10-8)是一个矢量积分式,对于实际情况,应求出任意一电流元 Idl 所产生的磁感应强度 $d\boldsymbol{B}$,进而分析整个载流导线产生的磁场的特征,并且选取适当的坐标系,将矢量积分 $\int d\boldsymbol{B}$ 化成标量积分后,再求出载流导线产生的磁感应强度。

10.3.2 毕奥-萨伐尔定律的应用

毕奥-萨伐尔定律给出了计算任意载流导线所产生磁场的磁感应强度的方法,但是实际上仅有一些比较特殊的载流导线体系能通过直接计算求得其磁感应强度。下面列举几个毕奥-萨伐尔定律应用的典型例子。

1. 直线电流的磁场

例 10-1　如图 10-9 所示，设有一直导线所载电流的电流强度为 I，求距导线垂直距离为 a 的 P 点处的磁感应强度 $\boldsymbol{B}$。

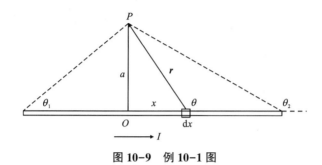

图 10-9　例 10-1 图

解　由于是直导线，因此沿直导线取电流元为 $I\mathrm{d}x$，$\boldsymbol{r}$ 为电流元到 P 点的矢径，P 点到直导线的垂足为 O，电流元与 O 点相距为 x。根据式（10-7），电流元 $I\mathrm{d}x$ 在 P 点处产生的磁感应强度大小为

$$\mathrm{d}B = \frac{\mu_0}{4\pi} \frac{I\mathrm{d}x\sin\theta}{r^2} \tag{10-9}$$

$\mathrm{d}\boldsymbol{B}$ 的方向垂直于 $I\mathrm{d}x$ 与 $\boldsymbol{r}$ 所确定的平面，即导线上所有电流元在 P 点产生的磁场是同方向的，因此该直线电流在 P 点产生的磁感应强度 $\boldsymbol{B}$ 的数值是各电流元在 P 点产生的 $\mathrm{d}\boldsymbol{B}$ 的代数和，从而有

$$B = \int \mathrm{d}B = \frac{\mu_0}{4\pi} \int \frac{I\mathrm{d}x\sin\theta}{r^2} \tag{10-10}$$

式（10-10）中有多个变量，需要将这多个变量转换为一个变量以便能进行积分计算，因此有

$$x = a\cot(\pi-\theta)$$

从而可得

$$\mathrm{d}x = \frac{a\mathrm{d}\theta}{\sin^2\theta} \tag{10-11}$$

$$r = \frac{a}{\sin\theta} \tag{10-12}$$

将式（10-11）、式（10-12）代入式（10-10）可得

$$B = \frac{\mu_0}{4\pi} \int_{\theta_1}^{\theta_2} \frac{I}{a}\sin\theta\mathrm{d}\theta = \frac{\mu_0 I}{4\pi a}(\cos\theta_1 - \cos\theta_2) \tag{10-13}$$

如直线电流为无限长载流导线，则有 $\theta_1 = 0$，$\theta_2 = \pi$，此时磁感应强度大小变为

$$B = \frac{\mu_0 I}{2\pi a} \tag{10-14}$$

2.圆形电流轴线上的磁场

例 10-2 如图 10-10 所示,一电流强度为 I、半径为 R 的圆形电流,其中心轴线上任一点 P 到圆心 O 的距离为 x。求轴线上任一点 P 的磁感应强度。

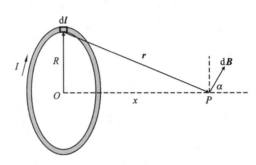

图 10-10　例 10-2 图

解　圆形电流具有轴对称性,因此要充分利用对称性来求解磁感应强度。在圆形电流上任取一小段 $\mathrm{d}l$,相应的电流元为 $I\mathrm{d}l$,根据电流元与矢径 $\boldsymbol{r}$ 的右手螺旋关系可以得到电流元产生的磁感应强度矢量 $\mathrm{d}\boldsymbol{B}$,如图 10-10 所示。

将 $\mathrm{d}\boldsymbol{B}$ 沿垂直两个方向进行正交分解,可以得出由于圆形电流的轴对称性,磁感应强度 $\mathrm{d}\boldsymbol{B}$ 的分量经过叠加以后只有 x 方向的分量不为零,垂直于 x 方向的分量叠加后为零,从而将矢量积分运算变成了 x 方向的标量运算,同时得出了磁感应强度 $\boldsymbol{B}$ 的方向沿轴线方向。$\boldsymbol{B}$ 的大小为

$$B = B_x = \int \mathrm{d}B\cos\alpha = \frac{\mu_0}{4\pi}\int \frac{I\mathrm{d}l\cos\alpha}{r^2} = \frac{\mu_0}{4\pi}\int_0^{2\pi R} \frac{IR\mathrm{d}l}{(R^2 + x^2)^{3/2}} = \frac{\mu_0 I R^2}{2(R^2 + x^2)^{3/2}} \quad (10\text{-}15)$$

圆心$(x\to 0)$处的磁感应强度为

$$B = \frac{\mu_0 I}{2R} \quad (10\text{-}16)$$

当 $x \gg R$ 时

$$B \approx \frac{\mu_0 I R^2}{2x^3} = \frac{\mu_0}{2\pi}\frac{I\pi R^2}{x^3} = \frac{\mu_0}{2\pi}\frac{IS}{x^3} = \frac{\mu_0}{2\pi}\frac{P_\mathrm{m}}{x^3} \quad (10\text{-}17)$$

式中:$P_\mathrm{m} = IS\,\boldsymbol{n}$ 称为载流线圈的磁矩,从而有

$$\boldsymbol{B} = \frac{\mu_0 \boldsymbol{P}_\mathrm{m}}{2\pi x^3} \quad (10\text{-}18)$$

该式与前面静电场部分讲到的电偶极子的电场公式相类似。

3.螺线管轴线上的磁场

例 10-3　如图 10-11 所示,导线均匀绕在圆柱面上的螺旋线圈称为螺线管,其半径为 R,单位长度的线圈匝数为 n,通过的电流为 I。求螺线管中心轴上某点 P 的磁感应强度。

解　螺线管上的线圈缠绕非常紧密,因此线圈每匝可看作一圆形电流。如果在螺线管上取一小段 $\mathrm{d}x$,其上共有 $n\mathrm{d}x$ 匝线圈,同时把长度为 $\mathrm{d}x$ 的螺线管上的这一小段看成电流强度为 $In\mathrm{d}x$ 的圆电流,则 $\mathrm{d}x$ 段线圈在其轴上 P 点产生的磁感应强度大小为

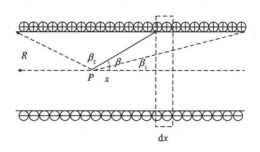

图 **10-11**　螺线管

$$dB = \frac{\mu_0 nIR^2 dx}{2(R^2+x^2)^{3/2}} \tag{10-19}$$

式中：x 为 ndx 匝线圈到 P 点的距离。同样，式(10-19)中包含有多个变量，需要变换成一个变量以便进行积分求解，因此由图 10-11 中几何关系得

$$x = R\cot\beta$$

从而有

$$dx = -R\csc^2\beta d\beta \tag{10-20}$$

将式(10-20)代入式(10-19)，可得

$$dB = -\frac{\mu_0 nIR^3 \csc^2\beta d\beta}{2(R^2+x^2)^{3/2}} = -\frac{\mu_0 nI}{2}\frac{R^3}{(R^2+x^2)^{3/2}}\csc^2\beta d\beta = -\frac{\mu_0 nI}{2}\sin^3\beta\csc^2\beta d\beta$$

$$= -\frac{\mu_0 nI}{2}\sin\beta d\beta \tag{10-21}$$

对螺线管所有线圈产生的磁场进行叠加，即进行积分可得 P 点的磁感应强度大小为

$$B = \int dB = \int_{\beta_1}^{\beta_2}\left(-\frac{\mu_0 nI}{2}\sin\beta\right)d\beta = \frac{\mu_0 nI}{2}(\cos\beta_1 - \cos\beta_2) \tag{10-22}$$

式中：β_1 和 β_2 分别为 P 点到螺线管两端连线与中心轴之间的夹角。

若螺线管为无限长，此时有 $\beta_1 \to 0$，$\beta_2 \to \pi$，从而可得无限长螺线管产生的磁感应强度大小为

$$B = \mu_0 nI \tag{10-23}$$

其磁场是均匀磁场。

在螺线管的一端，此时有 $\beta_1 \to 0$，$\beta_2 \to \frac{\pi}{2}$，从而可得产生的磁感应强度大小为

$$B = \frac{1}{2}\mu_0 nI \tag{10-24}$$

其磁感应强度为无限长螺线管内部中央处磁场的一半，即长螺线管一端的磁感应强度为螺线管内部中央处磁感应强度的一半。

运用毕奥-萨伐尔定律求解磁感应强度矢量是求磁场大小及方向的第一个方法。

§10.4 安培环路定理

前面我们已经学习了静电场,它是一个保守力场,因此静电场的环路定理为 $\oint \boldsymbol{E} \cdot \mathrm{d}\boldsymbol{l} = 0$。对于稳恒电流的磁场,磁感应强度矢量 $\boldsymbol{B}$ 同样存在着环路,因此磁场也有环路定理,该定理称为**安培环路定理**。

10.4.1 安培环路定理

对于稳恒磁场,其闭合环路积分 $\oint \boldsymbol{B} \cdot \mathrm{d}\boldsymbol{l}$ 遵循安培环路定理:**真空中的稳恒磁场,其磁感应强度 $\boldsymbol{B}$ 对某一闭合回路 L 的积分(即 $\boldsymbol{B}$ 的环流)等于穿过此回路的所有电流代数和的 μ_0 倍。** 其用公式表示为

$$\oint_L \boldsymbol{B} \cdot \mathrm{d}\boldsymbol{l} = \mu_0 \sum I \tag{10-25}$$

式中:穿过回路电流 I 的正负规定为当穿过回路的电流方向与回路的绕行方向呈右手螺旋关系时 I 取正,否则取负。

下面以长直电流的磁场来验证安培环路定理。

设无限长载流直导线中的电流为 I,它在以电流为轴、半径为 r 的圆周上的磁感应强度为 $\dfrac{\mu_0 I}{2\pi r}$[式(10-14)],方向沿圆的切线方向,如图 10-12 所示。如果在垂直于电流的平面内作一任意闭合回路 L,电流 I 穿过 L,则有

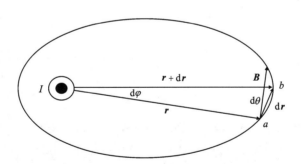

图 10-12   无限长载流直导线的磁感应强度

$$\oint_L \boldsymbol{B} \cdot \mathrm{d}\boldsymbol{l} = \oint_L B \mathrm{d}l \cos\theta \approx \oint_L B \mathrm{d}r \cos\theta = \oint_L Br \mathrm{d}\varphi \tag{10-26}$$

代入磁感应强度大小,可得

$$\oint_L \boldsymbol{B} \cdot \mathrm{d}\boldsymbol{l} = \oint_L \frac{\mu_0 I}{2\pi r} r \mathrm{d}\varphi = \frac{\mu_0 I}{2\pi} \oint_L \mathrm{d}\varphi = \mu_0 I \tag{10-27}$$

可以证明,无论积分回路形状如何,也不论电流是什么形状,安培环路定理都是成立的。此外,安培环路定理仅适用于稳恒电流产生的稳恒磁场,而且是闭合的截流导线,对任意设想的一段导线不成立。

磁场的环流不为零表明**磁场是有旋场**，磁场通过任意闭合曲面的磁通量为零表明磁场是无源的，由此可知，**磁场是一个有旋无源场**。

10.4.2　安培环路定理的应用

利用静电场的高斯定理可以方便地求出某些具有对称性的带电体的电场分布；类似地，利用安培环路定理可以方便地求出某些具有对称性的载流导体的磁场分布。应用安培环路定理求解是求磁场大小及方向的第二个方法，下面介绍几个典型的例子。

1. 无限长载流圆柱导体内外的磁场

实际的载流导线是有一定的面积的，接下来计算的无限长载流圆柱导体内外的磁场将更接近于实际情况。设电流 I 均匀通过半径为 R 的圆柱形导体的横截面，导体可视为无限长，如图 10-13(a)所示。由于电流分布呈轴对称，其产生的磁场也具有轴对称，因此选取垂直于轴、圆心在轴上的、半径为 r 的圆周作为闭合回路，回路上各点 $\boldsymbol{B}$ 的大小相同，方向沿各点的圆周切线方向，具体如图 10-13(b)所示。

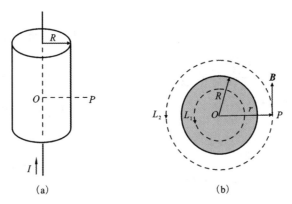

(a)　　　　　　　　(b)

图 10-13　无限长载流圆柱导体的磁场

对于导体外的一点 P，过 P 点作一半径为 $r(r>R)$ 的圆形回路 L_2，结合导体磁场分布具有轴对称性的特点，应用安培环路定理可得

$$\oint_{L_2} \boldsymbol{B} \cdot \mathrm{d}\boldsymbol{l} = \oint_{L_2} B\mathrm{d}l = B\oint_{L_2} \mathrm{d}l = B2\pi r = \mu_0 I \tag{10-28}$$

从而得

$$B = \frac{\mu_0 I}{2\pi r} \quad (r>R) \tag{10-29}$$

该结果与没有考虑导体面积的情况［式(10-14)］相同。

对于导体内的一点，类似地过该点作一半径为 $r(r<R)$ 的圆形回路 L_1，同样应用安培环路定理有

$$\oint_{L_1} \boldsymbol{B} \cdot \mathrm{d}\boldsymbol{l} = B2\pi r = \mu_0 \frac{\pi r^2}{\pi R^2} I \tag{10-30}$$

从而得

$$B = \frac{\mu_0 rI}{2\pi R^2}(r<R) \tag{10-31}$$

磁感应强度和离轴距离 r 的关系如图 10-14 所示。读者可以试着计算通过电流为 I 的圆柱形导体面所产生的磁场大小。

2. 螺绕环产生的磁场

绕在空心圆环上的螺线形线圈称为螺绕环。设螺绕环的总匝数为 N,通过环上线圈的电流为 I,如图 10-15 所示。根据电流分布的对称性,在环内磁感应线应是一些同心圆,圆上各点的磁感应强度大小相等,方向沿圆周切向。为此在螺绕环内取一半径为 r 的圆周作为闭合回路,则有

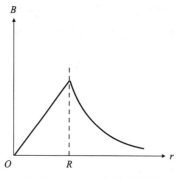

图 10-14 磁感应强度的变化规律

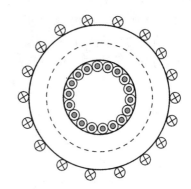

图 10-15 螺绕环图示

$$\oint_L \boldsymbol{B} \cdot \mathrm{d}\boldsymbol{l} = B\oint_L \mathrm{d}l = B2\pi r = \mu_0 NI \tag{10-32}$$

从而有

$$B = \frac{\mu_0 NI}{2\pi r} \tag{10-33}$$

3. 无限螺线管的磁场

运用安培环路定理同样可以求螺线管内的磁场,如图 10-16 所示,取一矩形闭合回路,可以得到

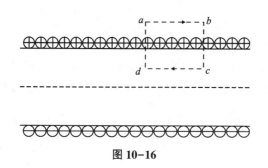

图 10-16

$$\oint_L \boldsymbol{B} \cdot \mathrm{d}\boldsymbol{l} = \int_{ab} \boldsymbol{B} \cdot \mathrm{d}\boldsymbol{l} + \int_{bc} \boldsymbol{B} \cdot \mathrm{d}\boldsymbol{l} + \int_{cd} \boldsymbol{B} \cdot \mathrm{d}\boldsymbol{l} + \int_{da} \boldsymbol{B} \cdot \mathrm{d}\boldsymbol{l} = \int_{cd} \boldsymbol{B} \cdot \mathrm{d}\boldsymbol{l} = Bl_{cd} = \mu_0 n l_{cd} I$$

$$(10-34)$$

从而得
$$B = \mu_0 n I$$

该结果与第一种方法得到的结果[式(10-23)]相同。

从以上几个典型例子可以清楚地看出,只有电流具有对称性以使磁场具有对称性,才能应用安培环路定理来求磁场分布,一般来说不是在任何情况下都能用安培环路定理来求磁场分布的。

利用安培环路定理求磁场分布时,首先要根据电流分布的对称性去分析磁场分布的对称性,再根据磁场的对称性选取适当的闭合回路 L,在回路 L 上磁感应强度 $\boldsymbol{B}$ 的大小和方向具有对称性,以使得环路 $\oint_L \boldsymbol{B} \cdot \mathrm{d}\boldsymbol{l}$ 中的 $\boldsymbol{B}$ 能以标量的形式从积分号内提出来,然后计算 L 内穿过的电流 $\sum I$,即可求出磁感应强度。

§10.5　运动电荷的磁场　安培定律

10.5.1　运动电荷产生的磁场

电流是由电荷运动所形成的,因此电流所产生的磁场本质上应该是运动电荷产生磁场的总效果。如果把电荷运动当作电流,则一速度为 v、电量为 q 的带电粒子在其周围空间产生的磁场可以由毕奥-萨伐尔定律引导出来。

设电流元 $I\mathrm{d}\boldsymbol{l}$ 通过的截面为 S,导体内载流子数密度为 n,单个载流子均带电量 $q>0$,速度 v 与 $I\mathrm{d}\boldsymbol{l}$ 的方向一致。根据电流的定义,通过截面的电流与电荷运动速度的关系为

$$I = nqvS \qquad (10-35)$$

代入毕奥-萨伐尔定律的公式可得

$$\mathrm{d}\boldsymbol{B} = \frac{\mu_0}{4\pi} \frac{qnSv\mathrm{d}\boldsymbol{l} \times \hat{\boldsymbol{r}}}{r^2} = \frac{\mu_0}{4\pi} \frac{q(nS\mathrm{d}l)\,\boldsymbol{v} \times \hat{\boldsymbol{r}}}{r^2} = \frac{\mu_0}{4\pi} \frac{q\mathrm{d}N\boldsymbol{v} \times \hat{\boldsymbol{r}}}{r^2} \qquad (10-36)$$

式中:$\mathrm{d}N = nS\mathrm{d}l$ 为电流元内载流子的数目。每个运动速度为 $\boldsymbol{v}$、电量为 q 的电荷所产生的磁感应强度为

$$\boldsymbol{B} = \frac{\mathrm{d}\boldsymbol{B}}{\mathrm{d}N} = \frac{\mu_0}{4\pi} \frac{q\,\boldsymbol{v} \times \hat{\boldsymbol{r}}}{r^2} \qquad (10-37)$$

当 $q>0$ 时,$\boldsymbol{B}$ 与 $\boldsymbol{v} \times \hat{\boldsymbol{r}}$ 的方向一致;当 $q<0$ 时,$\boldsymbol{B}$ 与 $\boldsymbol{v} \times \hat{\boldsymbol{r}}$ 的方向相反。

10.5.2　安培定律

磁场对电流(运动电荷)也有作用力,这个力称为**安培力**。1820 年,安培通过实验研究总结了一条结论:**在磁场中,电流元 $I\mathrm{d}\boldsymbol{l}$ 受到的磁力 $\mathrm{d}\boldsymbol{F}$ 与电流元的大小 $I\mathrm{d}l$、电流元所在处的磁感应强度大小 B,以及 $\boldsymbol{B}$ 和 $I\mathrm{d}\boldsymbol{l}$ 之间夹角的正弦成正比,其方向与 $I\mathrm{d}\boldsymbol{l} \times \boldsymbol{B}$ 的方向一致**,这一结论称为**安培定律**。其用公式表示为

$$\mathrm{d}\boldsymbol{F} = I\mathrm{d}\boldsymbol{l} \times \boldsymbol{B} \qquad (10-38)$$

一般情况下，载流导线可看成是由许多电流元组成的，因此载流导线所受到的安培力可先由电流元按式(10-38)得到 d$\boldsymbol{F}$，再根据叠加原理利用积分得到，即

$$\boldsymbol{F} = \int d\boldsymbol{F} = \int Id\boldsymbol{l} \times \boldsymbol{B} \qquad (10\text{-}39)$$

例 10-4　半径为 r 的半圆形导线通有电流 I，处于与导线平面垂直的匀强磁场 $\boldsymbol{B}$ 中，如图 10-17 所示，求导线所受到的安培力。

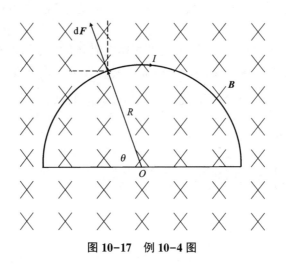

图 10-17　例 10-4 图

解　由安培定律，可得导线中某一电流元所受到的安培力大小为

$$dF = BIdl\sin\theta = BIdl \qquad (10\text{-}40)$$

式中：$\theta = \pi/2$。

整个半圆形导线的安培力为 d$\boldsymbol{F}$ 的矢量积分，为此需要先将 d$\boldsymbol{F}$ 进行正交分解变成标量积分后才能进行求解，从而有

$$dF_x = dF\cos\theta = BIdl\cos\theta = BIR\cos\theta d\theta \qquad (10\text{-}41)$$

$$dF_y = dF\sin\theta = BIdl\sin\theta = BIR\sin\theta d\theta \qquad (10\text{-}42)$$

最后对整个导线进行积分，分别可得

$$F_x = \int_0^\pi BIR\cos\theta d\theta = 0 \qquad (10\text{-}43)$$

$$F_y = \int_0^\pi BIR\sin\theta d\theta = 2BIR \qquad (10\text{-}44)$$

可见，半圆形导线电流在垂直均匀磁场中所受安培力的方向垂直于半圆的直径，大小与直径成正比。

10.5.3　无限长平行载流直导线间的相互作用力

如图 10-18 所示，两根距离为 a 的平行直导线，其中分别通有同方向的电流 I_1 和 I_2。现计算它们之间单位长度所受的磁力。

为此在导线 2 上取一电流 $I_2 d l_2$，根据毕奥-萨伐尔定律，导线 1 在 $d l_2$ 处产生的磁感应强度的大小为

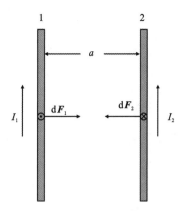

图 10-18　平行载流直导线间的相互作用

$$B_1 = \frac{\mu_0 I_1}{2\pi a} \tag{10-45}$$

方向如图 10-18 所示，垂直于两导线确定的平面向外。由安培定律，电流元 $I_2 \mathrm{d}l_2$ 受到的力的大小为

$$\mathrm{d}F_2 = B_1 I_2 \mathrm{d}l_2 = \frac{\mu_0 I_1 I_2}{2\pi a}\mathrm{d}l_2 \tag{10-46}$$

$\mathrm{d}F_2$ 的方向在平行于两导线确定的平面内，垂直于导线 2，指向导线 1，从而可得导线 2 在单位长度上受到的安培力大小为

$$\frac{\mathrm{d}F_2}{\mathrm{d}l_2} = \frac{\mu_0 I_1 I_2}{2\pi a} \tag{10-47}$$

同理可得导线 1 在单位长度上受到的安培力大小为

$$\frac{\mathrm{d}F_1}{\mathrm{d}l_1} = \frac{\mu_0 I_1 I_2}{2\pi a} \tag{10-48}$$

方向指向导线 2。可见，当两导线电流同向时，两导线吸引，电流相反时则相斥。

在国际单位制中，电流强度的基本单位安培是根据式（10-48）规定的：真空中两根无限长的平行导线相距 1 m，通以大小相同的稳恒电流，当导线每米长度受的作用力为 2×10^{-7} N 时，此时导线中的电流强度大小规定为 1 A。

§10.6　磁力矩　磁力的功

10.6.1　载流线圈在磁场中受到的磁力矩

以刚性矩形线圈为例，如图 10-19 所示，线圈边长分别为 l_1 和 l_2，通过的电流强度为 I，它可绕垂直于磁场的轴 OO' 自由旋转。由安培定律知，线圈四节导线的受力大小分别为

$$F_1 = F_1' = BIl_1\sin\alpha \tag{10-49}$$

$$F_2 = F_2' = BIl_2\sin 90° = BIl_2 \tag{10-50}$$

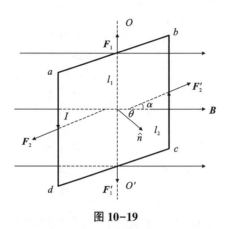

图 10-19

四个力两两大小相等，方向相反，作用在同一直线上，因此线圈所受的合力为零。

虽然线圈受到的合力为零，但力矩不为零，从图 10-19 中可以看出，力矩将使矩形线圈绕着轴 OO' 从线圈的法向方向向 B 的方向旋转。力矩的大小为

$$M = F_2 l_1 \cos \alpha = F_2 l_1 \cos(\frac{\pi}{2} - \theta) = BI l_1 l_2 \sin \theta$$
$$= BIS \sin \theta = B P_m \sin \theta \tag{10-51}$$

式中：θ 为矩形线圈所在平面的法线方向 n 与磁感应强度 B 的夹角，它与角度 α 之和等于 $\pi/2$；P_m 为线圈的磁矩大小。

考虑力矩方向，式（10-51）可写成矢量形式为

$$M = P_m \times B \tag{10-52}$$

该结论虽然是由矩形线圈特例导出的，但适用于任意形状的平面线圈。

下面讨论几种情况：

（1）当 $\theta = \pi/2$ 时，此时线圈平面与 B 平行，P_m 与 B 垂直，线圈所受的磁力矩最大，$M_{max} = BIS$。

（2）当 $\theta = 0$ 时，此时线圈平面与 B 垂直，P_m 与 B 同向，线圈所受磁力矩为零，处在稳定的平衡状态。

（3）当 $\theta = \pi$ 时，此时线圈平面与 B 垂直，但 P_m 与 B 反向，线圈所受磁力矩虽然为零处于平衡位置，但是该平衡为非稳定平衡，只要线圈受到扰动就会偏离这个位置。线圈在受到磁力矩的作用下，会使线圈的 P_m 朝向 B 转动，直到 P_m 转到与 B 方向一致为止。

磁场对载流线圈作用的规律是各种电动机和电流计的基本原理。

10.6.2 磁力的功

载流导线或载流线圈在磁场中运动时，所受到的磁力或磁力矩要对它们做功。

1. 载流导线在磁场中运动时磁力的功

一段长为 l 的载流导线通有电流 I，在垂直的均匀磁场 B 中移动一段距离 Δx，安培力所做的功为

$$W = F \Delta x = BI l \Delta x = BIS = I \Phi_m \tag{10-53}$$

上式说明，当载流导线在磁场中运动时，如果电流保持不变，磁力所做的功等于电流与导线所扫的磁通量的乘积。

2. 载流线圈在磁场中转动时磁力矩所做的功

以图 10-19 中矩形载流线圈为例，假设线圈转动了一个微小角度 $\mathrm{d}\alpha$，此时转动所做的功为

$$\mathrm{d}W = M\mathrm{d}\alpha = P_m B\sin\theta\mathrm{d}\alpha$$

$$= -BIS\sin\theta\mathrm{d}\theta = I\mathrm{d}(BS\cos\theta) = I\mathrm{d}\Phi_m \tag{10-54}$$

一般情况下，当电流 I 为恒量时磁力矩所做的功为

$$W = \int_{\Phi_{m1}}^{\Phi_{m2}} I\mathrm{d}\Phi_m = I\Delta\Phi_m \tag{10-55}$$

该结果表明，**在电流不变的情况下，磁力矩所做的功与线圈中磁通量的增量成正比**。

§10.7　带电粒子在磁场中的运动　霍尔效应

10.7.1　带电粒子在磁场中的运动

设一电量为 q、质量为 m 的粒子，以速度 $\boldsymbol{v}$ 进入磁感应强度为 $\boldsymbol{B}$ 的均匀磁场中，带电粒子将受到洛伦兹力

$$\boldsymbol{F} = q\boldsymbol{v}\times\boldsymbol{B} \tag{10-56}$$

粒子在洛伦兹力的作用下进行运动，下面分三种情况来分析：

（1）$\boldsymbol{v}$ 与 $\boldsymbol{B}$ 平行（或反平行），此时洛伦兹力 $\boldsymbol{F} = q\boldsymbol{v}\times\boldsymbol{B} = 0$，粒子不受力，做匀速直线运动。

（2）$\boldsymbol{v}$ 垂直于 $\boldsymbol{B}$，此时粒子受到洛伦兹力的大小为 $F = qvB$，方向垂直于 $\boldsymbol{v}$ 和 $\boldsymbol{B}$，粒子做匀速圆周运动，速度大小保持不变，方向随时间变化。由

$$qvB = m\frac{v^2}{R}$$

可得匀速圆周运动的半径为

$$R = \frac{mv}{qB} \tag{10-57}$$

粒子在圆轨道上环绕一周的时间（即周期）为

$$T = \frac{2\pi R}{v} = \frac{2\pi m}{qB} \tag{10-58}$$

（3）$\boldsymbol{v}$ 与 $\boldsymbol{B}$ 成 θ 角时，可以将速度 $\boldsymbol{v}$ 分解为平行于 $\boldsymbol{B}$ 的分量 $v_{//}$ 和垂直于 $\boldsymbol{B}$ 的分量 $v_\perp$。$v_{//} = v\cos\theta$，$v_\perp = v\sin\theta$，此时带电粒子在垂直于 $\boldsymbol{B}$ 的方向上受到洛伦兹力的大小为

$$F_\perp = qv_\perp B = qvB\sin\theta \tag{10-59}$$

因而在垂直于 $\boldsymbol{B}$ 的平面内带电粒子作匀速圆周运动。在平行于 $\boldsymbol{B}$ 的方向上受力为零，因此带电粒子做匀速直线运动。两个方向上的运动进行合成以后，带电粒子的运动轨迹为螺旋线，如图 10-20 所示。其半径和周期分别为

$$R = \frac{mv_\perp}{qB} = \frac{mv\sin\theta}{qB} \tag{10-60}$$

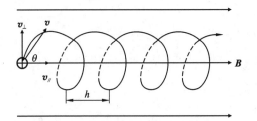

图 10-20 带电粒子的运动轨迹

$$T = \frac{2\pi m}{qB} \tag{10-61}$$

螺旋线螺距

$$h = v_{//}T = \frac{2\pi m}{qB}v\cos\theta \tag{10-62}$$

以上关于带电粒子在均匀磁场中运动的特点和规律在实际中得到应用,如同旋加速器和磁聚焦等(图 10-21)。

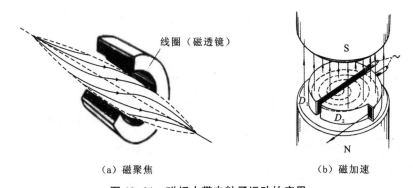

(a)磁聚焦   (b)磁加速

图 10-21 磁场中带电粒子运动的应用

10.7.2 霍尔效应

如图 10-22 所示,在一个通有电流 I 的导体薄片上,若施加一垂直于板面的均匀磁场,则在导体板的两侧产生一个电势差 U_H(既垂直于磁场,又垂直于电流的方向上),这一现象是美国科学家霍尔于 1897 年发现的,因此称为**霍尔效应**,电势差 U_H 称为霍尔电势差(霍尔电压)。

霍尔效应的产生是由于电荷在磁场中受到洛伦兹力的作用向板的一侧聚集,从而使导体两侧出现异号电荷,并由此在板内形成横向电场 E_H,该电场使电荷受到与洛伦兹力反向的电场力 $F_e = qE_H$,直到霍尔电场力与洛伦兹力相等时达到动态平衡,从而在导体横向形成一稳定的电势差 U_H,具体如图 10-22 所示。

实验表明,霍尔电势差与通过薄片的电流 I 及磁感应强度 $\boldsymbol{B}$ 的大小成正比,与薄片的厚度 d 成反比,即

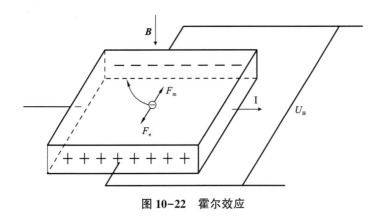

图 10-22　霍尔效应

$$U_H = R_H \frac{IB}{d} \qquad (10\text{-}63)$$

式中：$R_H = 1/nq$ 称为霍尔系数，n 为载流子的浓度。

由式（10-63）可知，只要测量出霍尔电势差，确定霍尔系数，就能确定导体的载流子浓度。实验测得半导体的霍尔系数比金属的要大许多，因此霍尔效应为研究半导体载流子的浓度变化提供了重要方法。此外，还可根据霍尔系数 $R_H = 1/nq$ 的正负来判断半导体载流子的导电类型，若 $R_H > 0$，说明 $q > 0$，则载流子为带正点的空穴，这种半导体为 P 型半导体；若 $R_H < 0$，说明 $q < 0$，则载流子为自由电子，这种半导体为 N 型半导体。

根据霍尔效应制作的半导体元件称为**霍尔元件**，通过测量其霍尔电动势差就能确定磁感应强度 **B** 的值。霍尔元件在工业生产和科学技术中有着许多的应用，如强电流测量、信号转换等，在自动化技术和计算机技术等方面应用也越来越普遍。

§10.8　磁介质的分类　有磁介质的安培环路定理

10.8.1　磁介质的分类

前面讨论的是真空中的磁场性质及其规律，实际的情况往往是磁场存在于实际的物质中，这时磁场将对处于其中的物质产生作用，使其处于一种特殊的状态，即磁化状态，反过来，磁化的物质对磁场也会产生影响。能与磁场产生相互作用的物质被称为**磁介质**。

实验表明，不同的物质对磁场的影响不同。假设均匀的磁介质处于磁感应强度为 $\boldsymbol{B}_0$ 的真空磁场中，磁介质将被磁化，使其产生了附加的磁场 $\boldsymbol{B}'$。此时，磁介质中的磁感应强度 $\boldsymbol{B}$ 应是真空磁场 $\boldsymbol{B}_0$ 与附加磁场 $\boldsymbol{B}'$ 的矢量叠加，即

$$\boldsymbol{B} = \boldsymbol{B}_0 + \boldsymbol{B}' \qquad (10\text{-}64)$$

不同的磁介质，$\boldsymbol{B}'$ 的大小和方向差别很大，为了便于研究磁介质的性质，引入**磁介质的相对磁导率** μ_r，其定义为

$$\mu_r = \frac{B}{B_0} \qquad (10\text{-}65)$$

μ_r 是一个无量纲的纯数，用来描述磁介质磁化后对原磁场的影响程度。与电介质电容率 ε 的定义类似，定义**磁介质磁导率**为

$$\mu = \mu_0 \mu_r \qquad (10\text{-}66)$$

表 10-1 列出了一些磁介质的相对磁导率。

表 10-1　室温下几种磁介质的相对磁导率

顺磁质	μ_r	抗磁质	μ_r
Mg	1.000012	Bi	0.999834
Al	1.000023	Hg	0.999968
W	1.000068	Ag	0.999974
Ti	1.000071	C（金刚石）	0.999978
Pt	1.00030	Pb	0.999982
O_2	1.000002	Cu	0.999990

根据相对磁导率 μ_r 的大小，可将磁介质分为以下三类：

(1)**顺磁质**：这类磁介质的相对磁导率 $\mu_r>1$，但与 1 相差不大，如镁、锰、铬、铂、氮等。这类磁介质磁化后产生的附加磁场 **B'** 与原来磁场 **B**$_0$ 的方向一致，从而有 $B>B_0$，即磁介质中的磁场加强。

(2)**抗磁质**：这类磁介质的相对磁导率 $\mu_r<1$，也与 1 相差不大，如汞、铜、硫、氢、金、银等。这类磁介质磁化后产生的附加磁场 **B'** 与原来磁场 **B**$_0$ 的方向相反，从而有 $B<B_0$，即磁介质中的磁场减弱。

(3)**铁磁质**：这类磁介质的相对磁导率 $\mu_r\gg1$，如铁、镍、钴、铁氧体等。这类磁介质磁化后附加磁场 **B'** 同原来磁场 **B**$_0$ 同方向，且 $B'\gg B_0$，从而总的磁感应强度大小 $B\gg B_0$。

由于顺磁质和抗磁质的 μ_r 与 1 相差较小，磁化场不是很显著，因此统称为弱磁质；铁磁质的 μ_r 远大于 1，磁化场很显著，因此称为强磁质。

10.8.2　磁化强度

物质分子中的任何一个电子都同时参与两种运动：一种是绕原子核的轨道运动，一种是自旋运动，两种回路电流都具有磁矩，能产生磁效应。把分子对外所产生的磁效应的总和等效成一圆电流，称为分子电流，这种分子电流的磁矩称为**分子磁矩**（也称分子固有磁矩），用 P_m 表示。

如图 10-23 所示，一圆柱形顺磁棒，沿轴线方向加一外磁场 **B**$_0$，棒均匀磁化后，其内各分子电流的平面大致在与棒轴垂直的平面内。在横截面内部，由于相邻的分子电流方向相反，因此相互抵消，只有在截面边缘处，分子电流才未被抵消，形成与边缘重合的圆电流 I_s，对磁介质整体而言，分子电流沿圆柱面垂直于轴线方向流动，称为**磁化电流**（亦称束缚电流）。抗磁质磁化以后的结果与顺磁质基本一样，会在边缘形成一个反方向的磁化电流。

为在宏观上描述磁化的强弱，与电介质中引入极化强度矢量 **P** 描述电介质的极化程度相

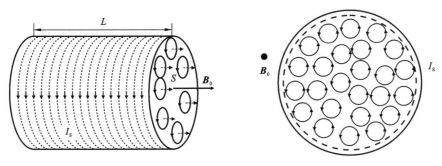

图 10-23　磁化电流的形成

类似，在讨论磁介质磁化时，引入**磁化强度矢量 M** 来描述磁介质的磁化程度。

在磁介质中某一点处取一小体积 ΔV，其内分子磁矩 P_m 的矢量和为 $\sum P_m$，定义该点的磁化强度矢量为

$$M = \frac{\sum P_m}{\Delta V} \tag{10-67}$$

图 10-23 中，假设 j_S 为圆柱形磁介质表面上每单位长度的分子面电流，L 为磁介质的长度，S 为横截面积。该段磁介质的磁化电流为 $I_S = j_S L$，因此相应地总体积 SL 中的总磁矩为

$$\sum P_m = I_S S = j_S LS \tag{10-68}$$

按定义，磁介质的磁化强度大小为

$$M = \frac{\sum P_m}{\Delta V} = \frac{j_S SL}{SL} = j_S \tag{10-69}$$

即磁化强度矢量 M 在数值上等于单位长度分子面电流 j_S 的大小。

读者可以证明磁化强度矢量与磁化电流的关系为

$$\oint M \cdot \mathrm{d}l = j_S L = I_S \tag{10-70}$$

10.8.3　磁介质中的安培环路定理

在有磁介质的情况下，安培环路定理可推广为

$$\oint_L B \cdot \mathrm{d}l = \mu_0 \left(\sum I_0 + \sum I_S \right) \tag{10-71}$$

式中：L 为磁介质中的任意闭合回路；$\sum I_0$ 和 $\sum I_S$ 分别为 L 所包围的传导电流和磁化电流的代数和。

将式（10-70）代入式（10-71），可得

$$\oint_L B \cdot \mathrm{d}l = \mu_0 \left(\sum I + \oint_L M \cdot \mathrm{d}l \right)$$

或

$$\oint_L \left(\frac{B}{\mu_0} - M \right) \cdot \mathrm{d}l = \sum I_0 \tag{10-72}$$

和电介质中引入矢量 D 相似，可以定义一个新的物理量 H，称为磁场强度矢量，即

$$H = \frac{B}{\mu_0} - M \qquad (10-73)$$

从而有磁介质时的安培环路定理可写成如下简单形式

$$\oint_L H \cdot dl = \sum I_0 \qquad (10-74)$$

它表明，在稳恒磁场中，磁场强度 H 沿任一闭合回路的积分(H 的环流)等于此闭合回路所包围的传导电流的代数和，而与磁化电流无关。

实验表明，对于各向同性的均匀磁介质，介质内任一点的磁化强度 M 与该点的磁场强度 H 成正比，比例系数 χ_m 为恒量，称为磁介质的磁化率，即

$$M = \chi_m H \qquad (10-75)$$

从而 M、H、B 三者之间的关系为

$$B = \mu_0 H + \mu_0 M = \mu_0(1 + \chi_m) H \qquad (10-76)$$

令 $\mu_r = 1 + \chi_m$，可得

$$B = \mu_0 \mu_r H = \mu H \qquad (10-77)$$

$\mu = \mu_0 \mu_r$ 称为磁介质的磁导率。几种常见磁介质的磁化率如表 10-2 所示。

表 10-2 几种常见磁介质的磁化率

顺磁质	$\chi_m = \mu_r - 1$(18℃)	抗磁质	$\chi_m = \mu_r - 1$(18℃)
锰	1.24×10^{-5}	铋	-1.70×10^{-5}
铬	4.5×10^{-5}	铜	-0.108×10^{-5}
铝	0.82×10^{-5}	银	-0.25×10^{-5}
空气(20℃)	30.36×10^{-5}	氢(20℃)	-2.47×10^{-5}

引入了磁场强度 H 后，磁介质中的安培环路定理不再有磁化电流项，从而为讨论磁介质中的磁场带来方便。

例 10-5 如图 10-24 所示，一半径为 R_1 的无限长圆柱体铜导线中均匀地通有电流 I，在其外面包有半径为 R_2、相对磁导率为 μ_r 的无限长同轴圆柱面，试求：

(1)介质内外的磁场强度分布；

(2)介质内外的磁感应强度分布。

解 系统具有轴对称性，因此所激发的磁场也是轴对称的，运用安培环路定理时应作圆形环路(半径为 r)。导体和磁介质将整个空间分成了三个部分，同时只有导体中才通有传导电流 I_0，因此磁场强度分布有两个不同结果，磁感应强度分布有三个不同结果。

由有介质时的安培环路定律可得

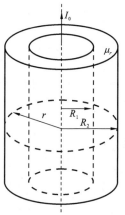

图 10-24 例 10-5 图

$$\oint_L \boldsymbol{H} \cdot \mathrm{d}\boldsymbol{l} = 2\pi r H = \sum I_0$$

从而有

$$H = \frac{\sum I_0}{2\pi r} \tag{10-78}$$

（1）根据电流分布的不同，可得介质内外的磁场强度分布情况为：

①当 $r \leqslant R_1$ 时，$H = \dfrac{1}{2\pi r} \dfrac{\pi r^2}{\pi R_1^2} I_0 = \dfrac{I_0 r}{2\pi R_1^2}$；

②当 $r > R_1$ 时，$H = \dfrac{I_0}{2\pi r}$。

（2）根据磁介质分布的不同，可得介质内外的磁感应强度分布情况为：

①当 $r \leqslant R_1$ 时，$B = \mu_0 H = \dfrac{\mu_0 I_0 r}{2\pi R_1^2}$；

②当 $R_1 < r < R_2$ 时，$B = \mu_0 \mu_r H = \dfrac{\mu_0 \mu_r I_0}{2\pi r}$；

③当 $r \geqslant R_2$ 时，$B = \mu_0 H = \dfrac{\mu_0 I_0}{2\pi r}$。

10.8.4　铁磁质

就一般物质而言，无论是顺磁质还是抗磁质，它们对外磁场的影响都很微弱，而铁、钴、镍、钆、镝及其合金或其氧化物等材料，对外磁场影响很大，这类材料称为**铁磁质**。其主要特征为：①在外磁场中放入铁磁质，可使磁场增大 $10^2 \sim 10^4$ 倍；②当外磁场撤去以后，铁磁质仍保留一部分磁性。

铁磁材料在工程技术上的应用极为普遍。根据它的磁滞回线（$\boldsymbol{B}\text{-}\boldsymbol{H}$ 曲线）形状决定其用途，铁磁质一般分为**软磁材料**和**硬磁材料**两类。

（1）软磁材料的特点是磁导率大、矫顽力小、磁滞回线窄。这种材料容易磁化，也容易退磁，可用来制作变压器、电机、电磁铁等。软磁材料有金属和非金属两种。像铁氧体就是非金属材料，它是由几种金属氧化物的粉末混合压制成型再烧结而成的，有电阻率高、高频损耗小的特点，被广泛用于线圈磁芯材料。

（2）硬磁材料的特点是剩余磁感强度大，矫顽力也大，磁滞回线很宽。这种材料退磁后保留很强的剩磁，且不易消除，适合制作永久磁铁、电磁式仪表、永磁扬声器（图 10-25），小型直流电机的永久磁铁采用这种材料制成。

此外，有些铁氧体的磁滞回线呈矩形，称为**矩磁材料**。当它被磁化后，在外磁场趋于零时，总是处于 B_r 或 $-B_r$ 两种剩磁状态。通常计算机中采用二进制编码，可以用矩磁材料的两种剩磁状态代表这两个数码，起到记忆和储存的作用，因此计算机的磁盘（硬盘）常用该类材料进行存储，如图 10-26 所示。最常用的铁氧材料有锰-镁和锂-锰铁氧体。

图 10-25 永磁扬声器

图 10-26 计算机磁盘

 本章小结

(1) 运动电荷之间的相互作用是通过磁场来实现的。

(2) 同种磁极互相排斥,异种磁极互相吸引。

(3) 磁感应强度:$\boldsymbol{B} = \dfrac{\boldsymbol{F}_{\max} \times \boldsymbol{v}}{qv^2}$。

(4) 磁通量:$\varPhi_{\mathrm{m}} = \displaystyle\int_S \boldsymbol{B} \cdot \mathrm{d}\boldsymbol{S}$。

(5) 磁场中的高斯定理:$\displaystyle\oint_S \boldsymbol{B} \cdot \mathrm{d}\boldsymbol{S} = 0$。

(6) 毕奥-萨伐尔定律:$\mathrm{d}\boldsymbol{B} = \dfrac{\mu_0}{4\pi} \dfrac{I\mathrm{d}\boldsymbol{l} \times \hat{r}}{r^2}$。

(7) 无限长载流导线的磁场:$B = \dfrac{\mu_0 I}{2\pi a}$。

(8) 圆形电流轴线上的磁场:$B = \dfrac{\mu_0 I R^2}{2(R^2 + x^2)^{3/2}}$。

(9) 螺线管轴线上的磁场:$B = \mu_0 n I$。

(10) 安培环路定理:$\displaystyle\oint_L \boldsymbol{B} \cdot \mathrm{d}\boldsymbol{l} = \mu_0 \sum I$。

(11) 载流圆柱导体的安培环路:$B2\pi r$。

(12) 螺绕环产生的磁场:$B = \dfrac{\mu_0 N I}{2\pi r}$。

(13) 运动电荷产生的磁场:$\boldsymbol{B} = \dfrac{\mu_0}{4\pi} \dfrac{q\boldsymbol{v} \times \hat{r}}{r^2}$。

(14) 安培定律:$\mathrm{d}\boldsymbol{F} = I\mathrm{d}\boldsymbol{l} \times \boldsymbol{B}$。

(15) 无限长平行截流直导线间的相互作用力:$\dfrac{\mathrm{d}F_2}{\mathrm{d}l_2} = \dfrac{\mu_0 I_1 I_2}{2\pi a}$。

（16）磁力矩：$M = P_m \times B$。

（17）磁力的功：$W = \int_{\Phi_{m1}}^{\Phi_{m2}} I \mathrm{d}\Phi_m = I\Delta\Phi_m$。

（18）带电粒子在磁场中的运动：$R = \dfrac{mv}{qB}$；$T = \dfrac{2\pi m}{qB}$。

（19）霍尔效应：$U_H = R_H \dfrac{IB}{d}$。

（20）磁介质的分类：顺磁质（$\mu_r > 1$）；抗磁质（$\mu_r < 1$）；铁磁质（$\mu_r \gg 1$）。

（21）磁化强度矢量：$M = \dfrac{\sum P_m}{\Delta V}$。

（22）磁介质中的安培环路定理：$\oint_L H \cdot \mathrm{d}l = \sum I_0$。

（23）磁化强度与磁场强度的关系：$M = \chi_m H$。

（24）磁感应强度与磁场强度的关系：$B = \mu H$。

（25）铁磁质：软磁材料；硬磁材料。

 练习题

基础练习

1. 如图 10-27 所示，通有电流 I 的两根长直导线旁绕有三种环路。对环路 a，$\oint B \cdot \mathrm{d}l = $

_____；对环路 b，$\oint B \cdot \mathrm{d}l = $ _____；对环路 c，$\oint B \cdot \mathrm{d}l = $ _____。

2. 一带电量为 $+Q$、质量为 m 的小球从倾角为 θ 的斜面上由静止下滑，斜面处于磁感应强度为 B 的匀强磁场中，如图 10-28 所示，则小球在斜面上滑行的最大速度是_____。

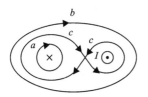

图 10-27　基础练习第 1 题图

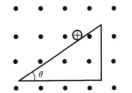

图 10-28　基础练习第 2 题图

3. 均匀磁场的磁感强度 B 垂直于半径为 r 的圆面。今以该圆周为边线，做一半球面 S，则通过 S 面的磁通量的大小为（　　）。

A. $2\pi r^2 B$　　　　　　B. $\pi r^2 B$　　　　　　C. 0　　　　　　D. 无法确定的量

4. 在光滑绝缘水平面上，一轻绳拉着一个带电小球绕竖直方向的轴 O 在匀强磁场中做逆时针方向的水平匀速圆周运动，磁场方向竖直向下，其俯视图如图 10-29 所示。若小球运动到 A 点时，绳子突然断开，关于小球在绳断开后可能的运动情况，以下说法正确的是（　　）。

A. 小球做顺时针方向的匀速圆周运动，半径不变

B. 小球做顺时针方向的匀速圆周运动，周期一定不变

C. 小球仍做逆时针方向的匀速圆周运动，速度增大

D. 小球仍做逆时针方向的匀速圆周运动，但半径减小

5. 如图 10-30 所示，宽 $h=2$ cm 的有界匀强磁场的纵向范围足够大，磁感应强度的方向垂直纸面向内，现有一群正粒子从 O 点以相同的速率沿纸面不同方向进入磁场，若粒子在磁场中做匀速圆周运动的轨道半径均为 $r=5$ cm，则(   )。

A. 右边界：-4 cm$<y<4$ cm 有粒子射出

B. 右边界：$y>4$ cm 和 $y<-4$ cm 有粒子射出

C. 左边界：$y>8$ cm 有粒子射出

D. 左边界：$0<y<8$ cm 有粒子射出

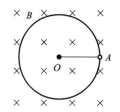

图 10-29   基础练习第 4 题图

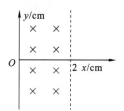

图 10-30   基础练习第 5 题图

6. 平面上的光滑平行导轨 MN、PQ 上放着光滑导体棒 ab、cd，两棒用细线系住，匀强磁场的方向如图 10-31(a) 所示。而磁感应强度 B 随时间 t 的变化图线如图 10-5(b) 所示，不计 ab、cd 间电流的相互作用，则细线中的张力(   )。

A. 由 0 到 t_0 时间内逐渐增大

B. 由 0 到 t_0 时间内逐渐减小

C. 由 0 到 t_0 时间内不变

D. 由 t_0 到 t 时间内逐渐增大

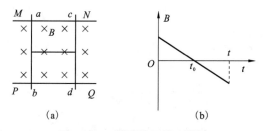

图 10-31   基础练习第 6 题图

7. 如图 10-32 所示，两平行金属导轨固定在水平面上，匀强磁场方向垂直导轨平面向下，金属棒 ab、cd 与导轨构成闭合回路且都可沿导轨无摩擦滑动。两棒 ab、cd 的质量之比为 $2:1$。用一沿导轨方向的恒力 F 水平向右拉棒 cd，经过足够长时间以后(   )。

A. 棒 ab、棒 cd 都做匀速运动

B. 棒 ab 上的电流方向是由 b 向 a

C. 棒 cd 所受安培力的大小等于 2F/3

D. 两棒间距离保持不变

8. 如图 10-33 所示,在与水平面呈 $\theta = 30^0$ 角的平面内放置两条平行、光滑且足够长的金属轨道,其电阻可忽略不计。空间存在着匀强磁场,磁感应强度 $B = 0.20$ T,方向垂直轨道平面向上。导体棒 ab、cd 垂直于轨道放置,且与金属轨道接触良好构成闭合回路,每根导体棒的质量 $m = 2.0 \times 10^{-1}$ kg,回路中每根导体棒电阻 $r = 5.0 \times 10^{-2}$ Ω,金属轨道宽度 $l = 0.50$ m。现对导体棒 ab 施加平行于轨道向上的拉力,使之匀速向上运动。在导体棒 ab 匀速向上运动的过程中,导体棒 cd 始终能静止在轨道上。g 取 10 m/s^2,求:

（1）导体棒 cd 受到的安培力大小;（2）导体棒 ab 运动的速度大小;（3）拉力对导体棒 ab 做功的功率。

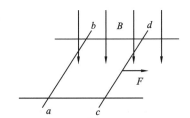

图 10-32　基础练习第 7 题图

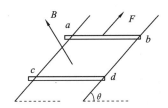

图 10-33　基础练习第 8 题图

综合进阶

1. 一均匀磁场,其磁感应强度方向垂直于纸面,两带电粒子在磁场中的运动轨迹如图 10-34 所示,则（　　）。

A. 两粒子的电荷必然同号

B. 粒子的电荷可以同号也可以异号

C. 两粒子的动量大小必然不同

D. 两粒子的运动周期必然不同

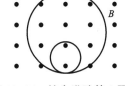

图 10-34　综合进阶第 1 题图

2. 如图 10-35 所示,下面哪一幅图能确切描述载流圆线圈在其轴线上任意点所产生的 B 随 x 的变化关系（x 坐标轴垂直于圆线圈平面,原点在圆线圈中心 O）（　　）。

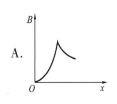 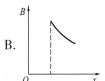 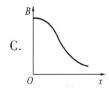 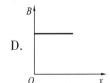 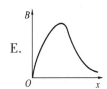

A.　　　　B.　　　　C.　　　　D.　　　　E.

图 10-35　综合进阶第 2 题图

3. 在一无限长螺线管中，充满某种各向同性的均匀线性介质，介质的磁化率为x_m，设螺线管单位长度上绕有 N 匝导线，导线中通以传导电流 I，则螺线管内的磁场强度为(　　)。

A. $\mu_0 NI$　　　　　B. $\frac{1}{2}\mu_0 NI$　　　　　C. $\mu_0(1+\chi_m)NI$　　　　D. $(1+\chi_m)NI$

4. 取一闭合积分回路 L，使三根载流导线穿过它所围成的面。现改变三根导线之间的相互间隔，但不越出积分回路，则(　　)。

A. 回路 L 内的 $\sum I$ 不变，L 上各点的 B 不变

B. 回路 L 内的 $\sum I$ 不变，L 上各点的 B 改变

C. 回路 L 内的 $\sum I$ 改变，L 上各点的 B 不变

D. 回路 L 内的 $\sum I$ 改变，L 上各点的 B 改变

5. 两个带电粒子，以相同的速度垂直磁感线飞入匀强磁场，它们的质量之比是 1:4，电荷之比是 1:2，它们所受的磁场力之比是_____，运动轨迹半径之比是_____。

6. 无限长圆柱形均匀介质的电导率为 v，相对磁导率为 μ_r，截面半径为 R，沿轴向均匀地通有电流 I，则介质中电场强度 $E =$_____，磁感强度 $B =$_____。

7. 如图 10-36 所示，AB、CD 为长直导线，BC 为圆心在 O 点的一段圆弧形导线，其半径为 R。若通以电流 I，求 O 点的磁感应强度。

8. 在真空中，有两根互相平行的无限长直导线 L_1 和 L_2，相距 0.1 m，通有方向相反的电流，$I_1 = 20$ A，$I_2 = 10$ A，如图 10-37 所示。A、B 两点与导线在同一平面内。这两点与导线 L_2 的距离均为 5.0 cm。试求 A、B 两点处的磁感应强度，以及磁感应强度为零的点的位置。

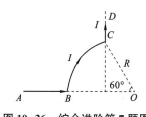

图 10-36　综合进阶第 7 题图

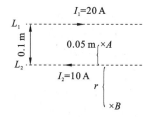

图 10-37　综合进阶第 8 题图

9. 已知磁感应强度 $B = 2.0$ Wb/m^2 的均匀磁场，方向沿 x 轴正方向，如图 10-38 所示，试求：(1)通过 $abcd$ 面的磁通量；(2)通过图中 $befc$ 面的磁通量；(3)通过图中 $aefd$ 面的磁通量。

10. 如图 10-39 所示，半径为 R 的均匀带电圆盘，面电荷密度为 σ。当盘以角速度 ω 绕其中心轴 OO' 旋转时，求盘心 O 点的 B 值。

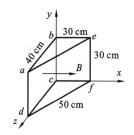

图 10-38　综合进阶第 9 题图

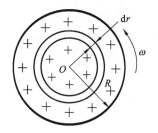

图 10-39　综合进阶第 10 题图

11. 如图 10-40 所示，在长直导线 AB 内通以电流 $I_1 = 20$ A，在矩形线圈 $CDEF$ 中通有电流 $I_2 = 10$ A，AB 与线圈共面，且 CD、EF 都与 AB 平行。已知 $a = 9.0$ cm，$b = 20.0$ cm，$d = 1.0$ cm，求：(1)导线 AB 的磁场对矩形线圈每边所作用的力；(2)矩形线圈所受合力和合力矩。

12. 一根很长的同轴电缆，由一导体圆柱(半径为 a)和一同轴的导体圆管(内、外半径分别为 b、c)构成，如图 10-41 所示，使用时电流 I 从一导体流去，从另一导体流回。设电流均匀地分布在导体的横截面上，求：(1)导体圆柱内($r < a$)各点处磁感应强度的大小；(2)两导体之间($a < r < b$)各点处磁感应强度的大小；(3)导体圆筒内($b < r < c$)各点处磁感应强度的大小；(4)电缆外($r > c$)各点处磁感应强度的大小。

13. 如图 10-42 所示，一无限长的圆柱体，半径为 R，均匀通过电流，电流为 I，柱体浸在无限大的各向同性的均匀线性磁介质中，介质的磁化率为 x_m 求介质中的磁场。

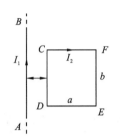
图 10-40　综合进阶第 11 题图

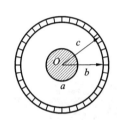
图 10-41　综合进阶第 12 题图

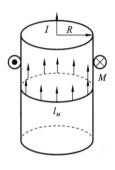
图 10-42　综合进阶第 13 题图

练习题参考答案

第11章

电磁感应与电磁场

高中物理知识点回顾

电磁感应实验现象的发现和电磁感应规律的研究，揭示了电与磁之间的内在联系，使人们进一步了解电磁现象的本质。实践上，电磁感应定律为电工学和电子技术学奠定了基础，为人类获得巨大而经济的电能以及进入无线通信的信息时代开辟了坚实的道路。本章要讲解的具体内容有：法拉第电磁感应定律、动生电动势、感生电动势、自感与互感、磁场的能量、麦克斯韦方程组、电磁波等。

§11.1　电磁感应定律

11.1.1　电磁感应现象

自从奥斯特在 1820 年发现电流的磁效应之后，磁的电效应吸引了许多科学家的兴趣，并为此进行了艰苦的研究和探索。英国物理学家法拉第通过近 10 年的实验研究，终于在 1831 年发现了电磁感应现象及其规律。

法拉第从所做过的一系列实验中归纳出以下事实：在磁场中放置任一导体闭合回路，当穿过该闭合回路所包围面积的磁通量发生变化时，在回路中就会产生电流。这种现象称为**电磁感应现象**，回路电流称为**感应电流**，形成该电流的电动势称为**感应电动势**。

通过磁通量的定义可以得出，穿过闭合回路的磁通量发生变化的原因分为两类：一类情况是磁场不随时间变化，磁通量的变化仅仅是由于闭合回路或闭合回路中的一部分在磁场中运动所引起的，由此得到的感应电流称为动生电流，相应的电动势称为**动生电动势**；另一类情况是闭合回路不动，磁通量的变化仅仅由磁场变化而引起，由此得到的感应电流称为感生电流，相应的电动势称为**感生电动势**。在实际中，这两类情况都存在。

11.1.2　法拉第电磁感应定律

法拉第在大量实验的基础上总结得出：**不管这种变化是由于什么原因，当通过闭合回路的磁通量发生变化时，回路中将会产生感应电动势，该电动势正比于通过回路的磁通量对时间变化率的负值。**这一结论称为**法拉第电磁感应定律**，用公式表示为

$$\varepsilon = -N\frac{\mathrm{d}\varPhi_{\mathrm{m}}}{\mathrm{d}t} \tag{11-1}$$

式中：N 为线圈匝数；负号用来判定感应电动势的方向，是楞次定律的数学表示。此外，$\varPsi_{\mathrm{m}} = N\varPhi_{\mathrm{m}}$ 称为磁通链，因此多匝线圈的感应电动势等于磁通链对时间变化率的负值。

1833 年，楞次在总结电磁感应实验结果的基础上，得出如下结论：**闭合回路中的感应电流的方向，总是使得感应电流所产生的通过回路所包围面积的磁通量去补偿引起感应电流的磁通量的变化，**这一结论称为**楞次定律**。楞次定律的本质是能量守恒定律。

如果闭合回路的电阻为 R，则回路中的感应电流为

$$i = \frac{\varepsilon}{R} = -\frac{1}{R}\frac{\mathrm{d}\varPsi}{\mathrm{d}t} \tag{11-2}$$

从 t_1 到 t_2 的一段时间内通过闭合回路导线中任一截面的感应电量为

$$q = \int_{t_1}^{t_2} i\mathrm{d}t = -\frac{1}{R}\int_{\varPsi_{\mathrm{m1}}}^{\varPsi_{\mathrm{m2}}}\mathrm{d}\varPsi_{\mathrm{m}} = \frac{1}{R}(\varPsi_{\mathrm{m1}} - \varPsi_{\mathrm{m2}}) \tag{11-3}$$

式(11-3)表明,在一段时间内通过导线中任一截面的感应电量与这段时间内磁通链增量的绝对值成正比,而与磁通链的具体变化过程无关,如果测出感应电量,且已知回路中的电阻,就可以计算磁通链的增量,进而可得到磁感应强度。常用的磁通计(又称高斯计)就是按照这个原理制成的。

例 11-1 交流发电机,如图 11-1 所示,一匝数为 N、面积为 S、电阻为 R 的矩形线圈在匀强磁场 B 中以角速度 ω 做匀速转动,$t=0$ 时线圈平面与磁场方向垂直。求 t 时刻:

(1)线圈中的感应电动势和感应电流;

(2)为维持线圈匀速转动,作用在线圈上的合外力矩为多少?

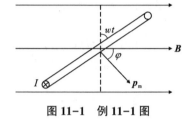

图 11-1 例 11-1 图

解 通过单个矩形线圈的磁通量为

$$\Phi_m = B \cdot S = BS\cos\omega t \tag{11-4}$$

由法拉第电磁感应定律得

$$\varepsilon = -N\frac{d\Phi_m}{dt} = NBS\omega\sin\omega t \tag{11-5}$$

从而得到感应电流为

$$i = \frac{\varepsilon}{R} = \frac{NBS\omega\sin\omega t}{R} \tag{11-6}$$

由线圈磁力矩公式 $M = P_m \times B$ 可得,合外力矩为

$$M = p_m B\sin\varphi = NISB\sin\omega t = \frac{N^2 B^2 S^2 \omega\sin\omega t}{R} \tag{11-7}$$

例 11-2 一根无限长直导线载有交变电流 $i = I_0\cos\omega t$,旁边有一共面的 N 匝矩形线圈,各有关尺寸如图 11-2 所示。线圈的总电阻为 R,求线圈中的感应电动势和感应电流。

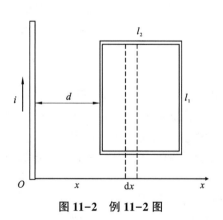

图 11-2 例 11-2 图

解 交变电流产生的磁场为非均匀磁场,因此需要取微元 dx 以后进行积分求解。取线圈所包围面积的正法向 n 垂直于纸面向里,则单个矩形线圈的磁通量为

$$\Phi_{\mathrm{m}} = \oint_{S} \boldsymbol{B} \cdot \mathrm{d}\boldsymbol{S} = \int_{d}^{d+l_2} \frac{\mu_0 i}{2\pi x} l_1 \mathrm{d}x = \frac{\mu_0 i l_1}{2\pi} \ln \frac{d + l_2}{d} \tag{11-8}$$

线圈中的感应电动势为

$$\varepsilon = -\frac{\mathrm{d}\Psi_{\mathrm{m}}}{\mathrm{d}t} = -N\frac{\mathrm{d}\Phi_{\mathrm{m}}}{\mathrm{d}t} = \frac{\mu_0 N l_1 \omega}{2\pi} I_0 \sin \omega t \ln \frac{d + l_2}{d} \tag{11-9}$$

从而感应电流为

$$I' = \frac{\varepsilon}{R} = \frac{\mu_0 N l_1 \omega}{2\pi R} I_0 \sin \omega t \ln \frac{d+l_2}{d} \tag{11-10}$$

§11.2　动生电动势与感生电动势

11.2.1　动生电动势

当磁场不随时间发生变化，而是由于导线闭合回路或其中一部分回路在磁场中运动时产生的感应电动势，称为**动生电动势**。那么产生动生电动势的非静电力是什么力呢？下面就以图 11-3 中的金属导线在磁场中运动而产生感应电动势的情况为例进行分析。

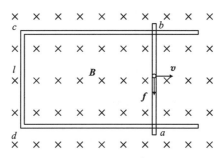

图 11-3　动生电动势的产生

设导线框中的 ab 段在磁感应强度为 $\boldsymbol{B}$ 的稳恒磁场中向右以速度 $\boldsymbol{v}$ 运动。这时导线中的自由电子也以相同的速度 $\boldsymbol{v}$ 在磁场中向右运动，从而受到一个向下的洛伦兹力

$$\boldsymbol{f} = -e\boldsymbol{v} \times \boldsymbol{B} \tag{11-11}$$

如果导线框为开路，即只有 ab 段，在洛伦兹力的作用下，自由电子向下运动使 a 端积累负电荷，b 端则出现过剩的正电荷，从而在导线内产生电场，电子将受到和 $\boldsymbol{f}$ 方向相反的电场力 $\boldsymbol{f}_{\mathrm{e}}$。当两个力达到平衡时，ab 间的电势差达到稳定值，b 端的电势比 a 端的电势高。

如果导线 ab 与导线框形成如图 11-3 所示的闭合回路，在回路中将有感应电流，而 ab 两端因电流而减少的电荷会在失去平衡后在洛伦兹力作用下不断地得到补充。由此可见，运动的导线 ab 段相当于一个电源，在其内部能够分离正、负电荷，把正电荷从电势较低点送到电势较高点，因此产生动生电动势的非静电力就是洛伦兹力。相应的非静电场的场强为

$$\boldsymbol{E}_{\mathrm{k}} = \frac{\boldsymbol{f}_{\mathrm{e}}}{-e} = \boldsymbol{v} \times \boldsymbol{B} \tag{11-12}$$

由电动势定义，动生电动势为

$$\varepsilon = \int_{-}^{+} \boldsymbol{E}_k \cdot \mathrm{d}\boldsymbol{l} = \int_{a}^{b} (\boldsymbol{v} \times \boldsymbol{B}) \cdot \mathrm{d}\boldsymbol{l} \tag{11-13}$$

当导线形成闭合回路,且整个回路都有运动时,求动生电动势应该对整个闭合回路积分,即

$$\varepsilon = \oint \boldsymbol{E}_k \cdot \mathrm{d}\boldsymbol{l} = \oint (\boldsymbol{v} \times \boldsymbol{B}) \cdot \mathrm{d}\boldsymbol{l} \tag{11-14}$$

动生电动势反映了单位正电荷通过运动导线段(电源)时洛伦兹力所做的功,但由洛伦兹力公式 $\boldsymbol{f} = -e\,\boldsymbol{v} \times \boldsymbol{B}$ 可知,驱动导线中自由电子运动的洛伦兹力与导线的运动速度总是垂直的。既然如此,那外界提供的能量是如何转变为回路中的电能的呢?

为了说明这个问题,以图11-4所示的情况为例。设有一恒定外力拉导线 ab 由静止开始向右滑动,这时导线 ab 中将产生动生电动势,回路中将出现感应电流,其中 ab 上的感应电流受到磁场 $\boldsymbol{B}$ 向左作用的安培力 $\boldsymbol{f}'$ 而阻止 ab 段滑动。随着导线 ab 运动速度的增大,安培力也逐渐增大。当安培力增大到与外力相等时,导线 ab 开始做匀速运动,整个回路中的感应电流也趋于稳定值从而达到平衡状态。

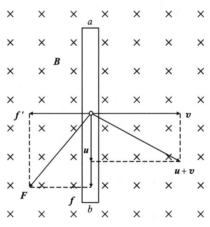

图11-4　动生电动势产生的原因

这时导线 ab 中的自由电子不仅具有随 ab 段向右运动的速度 $\boldsymbol{v}$,还具有相对于导线向下的定向运动速度 $\boldsymbol{u}$,因此自由电子的合速度为 $\boldsymbol{u} + \boldsymbol{v}$,于是电子所受到的总洛伦兹力为

$$\boldsymbol{F} = -e(\boldsymbol{u} + \boldsymbol{v}) \times \boldsymbol{B} = -e\,\boldsymbol{u} \times \boldsymbol{B} - e\,\boldsymbol{v} \times \boldsymbol{B} = \boldsymbol{f}' + \boldsymbol{f} \tag{11-15}$$

从而洛伦兹力的总功率为

$$P = (\boldsymbol{f}' + \boldsymbol{f}) \cdot (\boldsymbol{u} + \boldsymbol{v}) = \boldsymbol{f} \cdot \boldsymbol{u} + \boldsymbol{f}' \cdot \boldsymbol{v} = evBu - euBv = 0 \tag{11-16}$$

式(11-16)表明,总洛伦兹力的总功率为零,总洛伦兹力对电子不做功。恒定外力向右拉动 ab 段做正功提供机械能,分力 $\boldsymbol{f}'$ 做负功,在宏观上表现为安培力做负功,接收外界提供的机械能。与此同时,洛伦兹力的另一个分力 $\boldsymbol{f}$ 对电子的定向运动做正功,在宏观上就表现为动生电动势在回路中做正功,以电能的形式输出。由此可见,尽管总洛伦兹力不做功,但其在机械能向电能转换的过程中起到了传递能量的作用。

例11-3　如图11-5所示,一根长为 L 的铜棒,在均匀磁场 $\boldsymbol{B}$ 中以角速度 ω 在与磁场方向垂直的平面内做匀速转动。求棒两端之间的感应电动势。

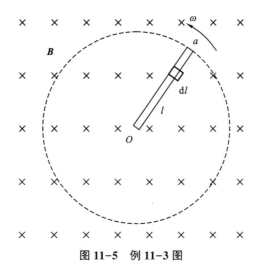

图 11-5　例 11-3 图

解　在棒上取一微元 $\mathrm{d}l$，该微元相距 O 点的距离为 l，根据动生电动势的定义式(11-13)可得感应电动势为

$$\varepsilon = \int_0^L (\boldsymbol{v} \times \boldsymbol{B}) \cdot \mathrm{d}\boldsymbol{l} = -\int_0^L vB\mathrm{d}l$$

$$= -\int_0^L \omega lB\mathrm{d}l = -\frac{1}{2}B\omega L^2 \tag{11-17}$$

电动势方向为 a 端指向 O 端。

例 11-4　如图 11-6 所示，一长直导线中通有电流 I，一长为 L 的金属棒 ab 与导线垂直共面，棒的左端相距直导线为 L_0。当棒以速度 $\boldsymbol{v}$ 平行于长直导线匀速运动时，求棒产生的动生电动势。

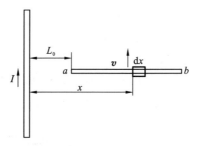

图 11-6　例 11-4 图

解　长直导线产生的磁场为非均匀磁场，因此需要先在金属棒上取微元 $\mathrm{d}x$ 后再通过积分求得动生电动势。长直导线在 $\mathrm{d}x$ 处产生的磁感应强度大小为

$$B = \frac{\mu_0 I}{2\pi x} \tag{11-18}$$

动生电动势由感生电动势的定义式(11-13)可得

$$\varepsilon = \int_{L_0}^{L_0+L} (\boldsymbol{v} \times \boldsymbol{B}) \cdot \mathrm{d}\boldsymbol{l} = -\int_{L_0}^{L_0+L} vB\mathrm{d}x = -\int_{L_0}^{L_0+L} v\frac{\mu_0 I}{2\pi x}\mathrm{d}x$$

$$= -\frac{\mu_0 Iv}{2\pi}\ln\frac{L_0+L}{L_0} \tag{11-19}$$

产生电动势效应为零，因此方向为棒的右端指向左端。

11.2.2 感生电动势

感生电动势是在导体回路不变时因磁场变化产生的感应电动势。磁场发生变化的原因可以是产生磁场的载流导线、线圈或永磁铁的位置变化，也可以是电流强度或电流的分布变化，但无论属于哪一种原因，在静止的导体中都会出现感生电动势。

产生感生电动势的非静电力是什么呢？麦克斯韦于 1861 年提出了**感生电场**假说：变化的磁场在其周围空间激发一种电场。这种电场不同于静电场，它不是由电荷激发，而是由变化的磁场引起的，被称为感生电场。感生电场对电荷有作用力，它是产生感生电动势的非静电力。

麦克斯韦认为，感生电场的产生与空间有无导体无关。如果存在导体回路，感生电场使导体中的电荷运动，产生感生电动势和感应电流；如果不存在导体，变化磁场激发的感生电场仍然存在。这一假说已被近代的科学实验所证实，利用变化磁场激发的感生电场来加速电子的电子感应加速器就是实例。麦克斯韦的感生电场的假说与他的关于位移电流的假说已成为现代电磁理论的基础。

设有一段导线 ab 静止处于感生电场 E_r 中，则其上产生的感生电动势为

$$\varepsilon = \int_a^b E_r \cdot \mathrm{d}\boldsymbol{l} \tag{11-20}$$

感生电场中任一导线闭合回路 L 上的感生电动势为

$$\varepsilon = \oint_L E_r \cdot \mathrm{d}\boldsymbol{l} \tag{11-21}$$

根据法拉第电磁感应定律有

$$\oint_L E_r \cdot \mathrm{d}\boldsymbol{l} = -\frac{\mathrm{d}\Phi}{\mathrm{d}t} = -\frac{\mathrm{d}}{\mathrm{d}t}\int_S \boldsymbol{B} \cdot \mathrm{d}\boldsymbol{S} \tag{11-22}$$

当回路固定不动，此时磁通量的变化完全由磁场 $\boldsymbol{B}$ 的变化引起，上式可写成

$$\oint_L E_r \cdot \mathrm{d}\boldsymbol{l} = = -\int_S \frac{\partial \boldsymbol{B}}{\partial t} \cdot \mathrm{d}\boldsymbol{S} \tag{11-23}$$

式(11-23)表明，感生电场的场强 E_r 沿任一闭合回路的线积分一般不等于零，所有感生电场不是保守场，描述感生电场的电场线是闭合曲线，无头无尾，因此感生电场也称为涡旋电场。此外，由于感生电场的电场线是闭合曲线，因此对任一闭合曲面 E_r 的通量恒为零，还表明感生电场是无源场。综上可以得出：静电场是有源无旋场，感生电场则是无源有旋场。

例 11-5 有一局限在半径为 R 的圆柱体内沿圆柱轴线方向的匀强磁场，其磁感应强度随时间发生变化，变化率为 $\mathrm{d}B/\mathrm{d}t$，如图 11-7 所示。

(1)求离圆柱轴线距离为 r 的 P 点的感生电场强度。

(2)在圆柱体内的磁场中引进一长为 L 的直导线 ab，求导线内的感生电动势。

解 (1)过 P 点做一圆形环路，由式(11-23)可得

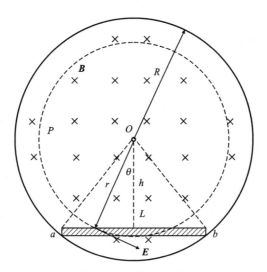

图 11-7　例 11-5 图

$$\oint_L \mathbf{E}_r \cdot \mathrm{d}\mathbf{l} = 2\pi r E_r = -\frac{\mathrm{d}\Phi}{\mathrm{d}t} \tag{11-24}$$

圆柱体内外磁场分布不同，磁通量相应也不同，因此有

$$2\pi r E_r = -\frac{\mathrm{d}}{\mathrm{d}t}(\pi r^2 B) \tag{11-25}$$

可得

$$E_r = -\frac{r}{2}\frac{\mathrm{d}B}{\mathrm{d}t}(r \leq R) \tag{11-26}$$

$$2\pi r E_r = -\frac{\mathrm{d}}{\mathrm{d}t}(\pi R^2 B) \tag{11-27}$$

可得

$$E_r = -\frac{R^2}{2r}\frac{\mathrm{d}B}{\mathrm{d}t}(r > R) \tag{11-28}$$

（2）由上面得到的公式可知，当 $\mathrm{d}B/\mathrm{d}t > 0$ 时，$\mathbf{E}_r$ 为逆时针方向。感生电动势由定义式（11-20）得

$$\varepsilon_{ab} = \int_a^b \mathbf{E}_r \cdot \mathrm{d}\mathbf{l} = \int_a^b \frac{r}{2}\frac{\mathrm{d}B}{\mathrm{d}t}\mathrm{d}l\cos\theta = \int_0^L \frac{h}{2}\frac{\mathrm{d}B}{\mathrm{d}t}\mathrm{d}l = \frac{hL}{2}\frac{\mathrm{d}B}{\mathrm{d}t} \tag{11-29}$$

电动势的方向由 a 端指向 b 端。

涡旋电场在实际生产及生活中有着很多的具体应用，如电子感应加速器、高频感应冶金炉、利用涡旋电场产生的涡电流对真空仪器内的金属进行加热、电磁阻尼装置、利用涡电流趋肤效应对金属进行表面淬火等。

电子感应加速器是利用变化磁场激发涡旋电场来对电子进行加速的装置，其结构比较简单，因此成本较低，目前一般小型电子感应加速器可把电子加速到 0.1～1 MeV，用其产生出的 X 射线和人工 γ 射线供医学诊疗或工业探伤使用，大型的加速器可把电子加速到数百兆电子伏特,主要是用于科学研究,特别是核物理的研究。

当块状金属处在变化的磁场中或相对于磁场运动时,在金属内部也会产生感应电流,这种电流在金属块内部自成闭合回路,所以称为涡电流或傅科电流。涡电流的强度与外加电流的频率成正比,而涡电流产生的焦耳热与涡电流强度的平方成正比,因此涡电流产生的焦耳热与外加电流频率的平方成正比。当使用频率为几百赫兹甚至几千赫兹的交变电流时,金属内会因涡电流放出巨大的热量。这种感应加热的方法在冶金工业中已广泛应用于冶炼难熔或易氧化的金属以及特种合金材料。在真空技术上,对于一些要求高真空度的器件,如显像管、示波管、激光管等的制造,常采用感应加热的方法,隔着玻璃管使其内部的金属部分升温,以驱逐并抽出金属表面上吸附的残存气体。

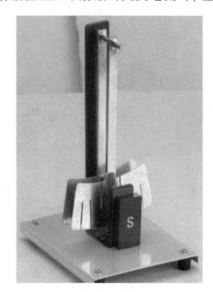

图 11-8 电磁阻尼

块状金属在磁场中运动时会产生涡流,此涡流在磁场中又会受到安培力的作用而阻止金属运动,利用这种效应可以制成电磁阻尼装置(图 11-8)。这一装置在各式仪表中已被广泛地应用,例如许多电磁仪表进行测量时,由于惯性作用指针会在被测量值的平衡位置附近来回摆动。为了使指针能快速稳定下来,一般在指针的转轴上装一块金属片作为阻尼器。另外,电气火车和电车中所用的电磁制动装置也是根据电磁阻尼的原理制成的。

§11.3 自感与互感

11.3.1 自感应

无论在什么情况下,只要通过闭合回路所包围面积的磁通量发生变化,在回路中就会产生感应电动势。当回路中通有电流,电流产生磁场,通过回路本身包围的面积就有磁通量。如果回路中的电流强度、回路的大小或形状、回路周围的磁介质发生变化,通过回路自身围成面积的磁通量也将随之变化,从而在自身回路中激起感应电动势。由于回路中电流变化产生的磁通量变化,而在自身回路中激起感应电动势的现象称为**自感现象**,相应的感应电动势称为**自感电动势**。

设由 N 匝线圈组成的回路中通有电流,而且在回路周围空间没有铁磁性物质。根据毕奥-萨伐尔定律,空间任一点磁感应强度的大小都与回路中的电流 I 成正比,因此通过线圈回路的磁通链 $\varPsi_m$ 也与 I 成正比,即

$$\varPsi_m = LI \tag{11-30}$$

式中:比例系数 L 称为该线圈的**自感系数**,简称**自感**,又称电感。在国际单位制中,自感系数的单位为亨利(H),实际应用中还有毫亨(mH)和微亨(μH)。

引入自感系数以后,回路中的自感电动势可以表示为

$$\varepsilon_{\mathrm{L}} = -\frac{\mathrm{d}\Psi}{\mathrm{d}t} = -L\frac{\mathrm{d}I}{\mathrm{d}t} \qquad (11\text{-}31)$$

式(11-31)中，自感系数 L 与电流 I 无关(无铁磁质情况)。

当 $\mathrm{d}I/\mathrm{d}t > 0$ 时，$\varepsilon_{\mathrm{L}} < 0$，表明回路中电流增加时自感电动势方向与电流方向相反；当 $\mathrm{d}I/\mathrm{d}t < 0$ 时，$\varepsilon_{\mathrm{L}} > 0$，表明回路中电流减小时自感电动势方向与电流方向相同。由此可见，任何回路中的电流发生改变，必然引起自感电动势来反抗电流的改变，而回路的自感越大，回路中的电流就越不易改变。也就是说，回路中的自感有使网路电流保持不变的性质。这一性质与力学中物体的惯性类似，通常称之为电磁惯性，自感就是回路电磁惯性的量度。一般情况下线圈的自感不易计算，实际中多采用实验的方法测量得到。实际应用中的各类电感器如图 11-9 所示。

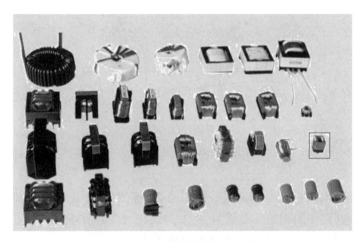

图 11-9　实际应用中的各类电感器

自感现象在电工和无线电技术中有广泛的用途。例如，利用线圈的自感具有阻碍电流变化的能力，可以稳定电路里的电流；在电子线路中把电感和电容组合构成谐振电路或滤波器等。但另一方面，在某些情况下，自感现象又是非常有害的，例如，在供电系统中，当切断载有大电流的电路时，由于电路中自感元件的作用，开关触头处会出现强烈的电弧，容易危及设备与人身安全，为了避免这类情况的发生，在上述场合通常使用带有灭弧结构的特殊开关。

例 11-6　设有一均匀密绕长直螺线管，长为 l，横截面积为 S，总匝数为 N，管中磁介质的磁导率为 μ。求此螺线管的自感系数。

解　设螺线管通有电流 I，当忽略边缘效应时，管内任一点的磁感应强度的大小为 $B = \mu\dfrac{N}{l}I$，穿过螺线管的磁通链为

$$\Psi_{\mathrm{m}} = N\Phi_{\mathrm{m}} = NBS = \mu\frac{N^2}{l}SI \qquad (11\text{-}32)$$

因此所求螺线管的自感系数为

$$L = \frac{\Psi_{\mathrm{m}}}{I} = \mu\frac{N^2}{l}S = \mu\frac{N^2}{l^2}Sl = \mu n^2 V \qquad (11\text{-}33)$$

式中: n 为螺线管单位长度上的线圈匝数; V 为螺线管的体积。

11.3.2 互感应

如图 11-10 所示,两个邻近线圈回路 1 和 2,分别通有电流 I_1 和 I_2,其中任一回路中电流产生磁场的磁感应线将穿过另一回路所包围的面积。如果任一回路的电流发生变化,或两回路的大小、形状、匝数、相对位置以及周围磁介质的磁导率和分布情况变化,都将引起通过另一回路所包围面积中磁通链发生变化,从而在另一回路中产生感应电动势。这种由于一个回路中的电流变化在另一个回路所包围面积中引起的磁通链变化而产生感应电动势的现象称为**互感应现象**,相应的电动势称为**互感电动势**。

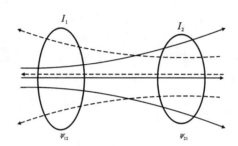

图 11-10 互感的产生

设线圈回路 1 中电流 I_1 产生的通过线圈回路 2 面积的磁通链为 Ψ_{21},线圈回路 2 中电流 I_2 产生的通过线圈回路 1 面积的磁通链为 Ψ_{12},并设在两线圈回路周围空间没有铁磁性介质。根据毕奥-萨伐尔定律,磁通链也与电流强度 I 成正比,即

$$\Psi_{21} = M_{21} I_1 \tag{11-34}$$

$$\Psi_{12} = M_{12} I_2 \tag{11-35}$$

以上两式中 M_{12} 与 M_{21} 是两个比例系数,理论与实验都证明两者相等,可统一用 M 表示,称为两线圈的**互感系数**,也简称为**互感**。互感系数的单位和自感系数的单相位同。互感系数也不易计算,一般也常用实验的方法测量得到。

磁场中若无铁磁性物质时,互感系数 M 与电流无关,它的量值决定于两线圈回路的大小、形状、匝数、相对位置以及周围磁介质的磁导率和分布情况。两线圈相互之间产生的互感电动势为

$$\varepsilon_{21} = -M \frac{\mathrm{d}I_1}{\mathrm{d}t} \tag{11-36}$$

$$\varepsilon_{12} = -M \frac{\mathrm{d}I_2}{\mathrm{d}t} \tag{11-37}$$

以上两式表示了因两个载流线圈中的电流变化而相互在对方线圈中激起感应电动势的现象,相应的互感电动势的大小分别取以上两式的绝对值,方向可由楞次定律判断。

互感现象在电工和无线电技术中应用非常广泛,通过互感线圈可方便地把能量或信号由一个线圈传递到另一个线圈,如各种变压器、互感器以及一些测量仪器就是利用互感现象制成的(图 11-11)。但在有些情况下互感现象又是有害的,不必要的互感往往使一些电子仪器

和设备无法正常工作, 如两路电话之间由于互感而串音, 收音机各回路之间的互感带来噪音等, 在这种情况下就需要采取各种措施, 以尽量减小回路间的相互影响。

图 11-11　几种不同类型的互感器

§11.4　磁场的能量

11.4.1　自感磁能

当电路通有电流时, 在其周围空间就产生了磁场, 磁场与电场一样, 是种特殊的物质, 也具有能量。下面以一个有自感的简单电路为例讨论磁场的能量。

如图 11-12 所示, 将一自感为 L、电阻为 R 的线圈与电动势为 ε 的直流电源相连, 当开关 K 闭合使电源接通时, 回路中的电流 i 由零逐渐增至稳定值 I。在此过程中, 线圈上都存在与电流反方向的自感电动势 ε_L, 阻碍电流的增大。根据有源电路的欧姆定律, 有

$$\varepsilon - iR - \varepsilon_L = 0 \tag{11-38}$$

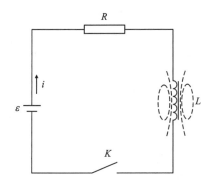

图 11-12　自感电路中的磁能

式 (11-38) 两边同时乘上 $i\mathrm{d}t$, 可得

$$\varepsilon i \mathrm{d}t = i^2 R \mathrm{d}t + \varepsilon_L i \mathrm{d}t \tag{11-39}$$

式 (11-39) 左边表示的是电源在 $\mathrm{d}t$ 时间内做的功, 右边第一项表示的是 $\mathrm{d}t$ 时间内电源

做功的一部分转变为线圈电阻上的焦耳热，而右边第二项表示的则是电流增加的过程中，$\mathrm{d}t$ 时间内电源克服线圈中自感电动势所做的功，它转变为载流线圈的能量。在开关未开通时，电流为零，因此能量为零。随着电流的增大，增加的能量就是载流线圈的磁场能量，通常称为**自感磁能**，用 W_m 表示，即

$$W_m = \int_0^I Li\mathrm{d}i = \frac{1}{2}LI^2 \tag{11-40}$$

式（11-40）适用于任意线圈。当电源断开以后，自感存储的磁能就通过自感电动势做功，并全部转化成焦耳热。

11.4.2 磁场能量

一长直螺线管充满磁导率为 μ 的均匀磁介质，通过螺线管的电流为 I，忽略边缘效应，把磁场看作全部集中在管内体积 V 中，螺线管内的磁感应强度大小 $B=\mu nI$，自感系数由式（11-33）得到 $L=\mu n^2 V$。螺线管内磁场能量可表示为

$$W_m = \frac{1}{2}LI^2 = \frac{1}{2}\mu n^2 V\left(\frac{B}{\mu n}\right)^2 = \frac{1}{2}\frac{B^2}{\mu}V \tag{11-41}$$

可见，这部分能量正是定域在磁场所在的空间体积 V 中的能量。

磁场中单位体积的能量称为**磁场能量密度**，简称为**磁能密度**，用 w_m 表示为

$$w_m = \frac{W_m}{V} = \frac{1}{2}\frac{B^2}{\mu} = \frac{1}{2}\mu H^2 = \frac{1}{2}BH \tag{11-42}$$

式（11-42）虽然是由长直螺线管内均匀磁场的特例导出的，但可以证明，它对各向同性非铁磁性介质中的任何磁场都是适用的。

对非匀强磁场，空间各点的 **B**、**H** 不同，因此各点的磁能密度也不相同。此时需要在磁场中取一微小体积元 $\mathrm{d}V$，在 $\mathrm{d}V$ 内磁场可以看成是均匀的，因此整个区域 V 内的磁场能量为

$$W_m = \int_V \mathrm{d}W_m = \int_V w_m \mathrm{d}V = \int_V \frac{1}{2}BH\mathrm{d}V \tag{11-43}$$

例 11-7 如图 11-13 所示，无限长同轴电缆由半径为 R_1 的内圆筒和半径为 R_2 的外圆筒组成，稳恒电流 I 由内圆筒表面流出，经外圆筒表面返回形成闭合回路，两筒间充满磁导率为 μ 的磁介质。求：

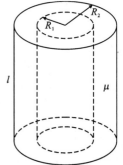

图 11-13　例 11-7 图

（1）长度为 l 的电缆内所存储的磁场能量；

（2）同轴电缆单位长度的自感系数。

解　（1）由安培环路定理可知，在 $r<R_1$ 和 $r>R_2$ 的区域，$H=0$。在 $R_1<r<R_2$ 的区域内，$H=I/2\pi r$，因此磁能密度为

$$w_m = \frac{1}{2}\mu H^2 = \frac{\mu I^2}{8\pi^2 r^2} \tag{11-44}$$

在距轴线为 r 处取一厚度为 $\mathrm{d}r$、长为 l 的同轴圆柱形薄壳为体积元 $\mathrm{d}V$，该体积元中的磁场能量为

$$\mathrm{d}W_m = w_m \mathrm{d}V = \frac{\mu I^2}{8\pi^2 r^2}2\pi rl\mathrm{d}r = \frac{\mu I^2 l}{4\pi r}\mathrm{d}r \tag{11-45}$$

所求电缆的磁场能量为

$$W_m = \int_V dW_m = \int_{R_1}^{R_2} \frac{\mu I^2 l}{4\pi r} dr = \frac{\mu I^2 l}{4\pi} \ln \frac{R_2}{R_1} \tag{11-46}$$

（2）由式（11-40）可得，长为 l 的一段电缆的自感系数为

$$L = \frac{2W_m}{I^2} = \frac{\mu l}{2\pi} \ln \frac{R_2}{R_1} \tag{11-47}$$

单位长度的自感系数为

$$L_0 = \frac{L}{l} = \frac{\mu}{2\pi} \ln \frac{R_2}{R_1} \tag{11-48}$$

§11.5　位移电流　麦克斯韦方程组

麦克斯韦提出了感生电场假说，反映了变化的磁场产生电场的实质。1864 年，他又提出了位移电流假说，指出变化的电场产生磁场，由此建立电磁场的基本方程——**麦克斯韦方程组**，从而反映电场和磁场的内在联系，实现了电场与磁场的统一。1865 年，麦克斯韦从麦克斯韦方程组出发，从理论上预言了电磁波的存在，并论证了光是一种电磁波。20 多年后，赫兹用实验证实了这个预言，使人类进入无线电通信时代。

11.5.1　位移电流

在稳恒电流的磁场条件下得出安培环路定理，如果将其用在非稳恒电流的情形下情况又会怎样呢？下面以一个接有电容器的简单电路为例来进行分析。

如图 11-14 所示，当电容器充电时，导线上的任何截面在同一时刻都流过相等的且随时间变化的电流 I，在电容器两极板之间没有电流流过，因而对整个电路来说，传导电流是不连续的。如果在电容器一个极板附近任取一环绕导线的闭合曲线 L，并以该曲线为边界作一平面 S_1，则穿过这个平面的传导电流为 I。根据安培环路定理，有

$$\oint_L \boldsymbol{H} \cdot d\boldsymbol{l} = I \tag{11-49}$$

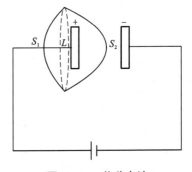

图 11-14　位移电流

但若仍以 L 为边界作一伸展到电容器两极板之间而不与导线相交的曲面 S_2，则穿过 S_2 的传导电流为零，从而有

$$\oint_L \boldsymbol{H} \cdot d\boldsymbol{l} = 0 \tag{11-50}$$

式（11-49）、式（11-50）的左边是同一时刻的磁场强度 $\boldsymbol{H}$ 沿同一闭合路径的线积分，但两等式的右边却不相等，显然是因为电流在电容器两极板之间中断，安培环路定理将不再适用。

传导电流在电容器极板上终止的同时，将在极板上积累自由电荷，从而引起两极板间的电场随之发生变化。变化的电场可视为一种电流，称为**位移电流**。引入位移电流以后，虽然

传导电流不一定连续，但传导电流与位移电流将会保持连续，麦克斯韦引入位移电流假说就是为了达到这个目的，这后来被证实是正确的。**位移电流密度**定义为

$$j_D = \frac{\mathrm{d}D}{\mathrm{d}t} \tag{11-51}$$

从而通过某一截面的位移电流 I_D 为

$$I_D = \int_S j_D \cdot \mathrm{d}S = \int_S \frac{\mathrm{d}D}{\mathrm{d}t} \cdot \mathrm{d}S = \frac{\mathrm{d}}{\mathrm{d}t} \int_S D \cdot \mathrm{d}S = \frac{\mathrm{d}\Phi_e}{\mathrm{d}t} \tag{11-52}$$

传导电流 I_0 与位移电流 I_D 合在一起称为全电流 I。

11.5.2 全电流定律

引入位移电流的概念后，在电容器极板处中断的传导电流被位移电流接替，由于两者相等，因此对于图 11-14 中的情况，无论是取 S_1 面还是取 S_2 面，在同一闭合回路 L 上的 H 环流总相等。在非稳恒电流情形下应用安培环路定理时所出现的矛盾将得以解决，其关键是电路中的电流中断被变化的电场接替而连续。

引入位移电流概念及全电流以后，安培环路定理将进一步推广为

$$\oint_L H \cdot \mathrm{d}l = \sum I_0 + \int_S \frac{\partial D}{\partial t} \cdot \mathrm{d}S$$

或

$$\oint_L H \cdot \mathrm{d}l = \int_S j_0 \cdot \mathrm{d}S + \int_S \frac{\partial D}{\partial t} \cdot \mathrm{d}S = \int_S \left(j_0 + \frac{\partial D}{\partial t} \right) \cdot \mathrm{d}S \tag{11-53}$$

式(11-53)表明，在普通情况下，磁场强度 H 沿任一闭合路径 L 的积分等于穿过以该路径为边界的任意曲面的全电流，这就是**麦克斯韦的全电流定律**。

可以看出，位移电流概念及全电流定律的核心为：变化的电场可以激发磁场。通常情况下，电介质中的全电流主要是位移电流，传导电流几乎为零；导体中的全电流主要是传导电流，位移电流可以忽略不计，但在高频的情况下，导体内的传导电流与位移电流都起作用，这时就不能忽略其中的任何一个了。但需要指出的是，位移电流不是真正意义上的电流，其实际是变化的电场，因此它不像传导电流那样在通过导体时会产生焦耳热。

麦克斯韦提出了感生电场和位移电流两个假说，其中感生电场的假说说明变化的磁场能激发左旋电场，位移电流的假说说明变化的电场能激发右旋磁场。两种变化的场永远互相联系着，它们之间互相依存、互相转化，形成了统一的电磁场，这就是麦克斯韦在电磁场理论方面的杰出贡献。这些假说的正确性已由大量的实验证实。

11.5.3 麦克斯韦方程组

接下来我们总结一下前面所学的有关电场及磁场的定理及规律，通过总结获得麦克斯韦关于磁场与电场统一的麦克斯韦方程组。

首先总结电场相关规律。静止电荷在其周围空间激发静电场，相应的场量记作 E_1 及 D_1；变化的磁场会激发涡旋电场，相应的场量表示为 E_2 及 D_2。空间任一点的电场一般由静电场和涡旋电场叠加而成，即

$$E = E_1 + E_2, \quad D = D_1 + D_2 \tag{11-54}$$

已经得出，静电场中的高斯定理和环路定理为

$$\oint_S \boldsymbol{D}_1 \cdot \mathrm{d}\boldsymbol{S} = \sum q = \int_V \rho \mathrm{d}V, \quad \oint_l \boldsymbol{E}_1 \cdot \mathrm{d}\boldsymbol{l} = 0 \tag{11-55}$$

变化磁场产生的涡旋电场有

$$\oint_S \boldsymbol{D}_2 \cdot \mathrm{d}\boldsymbol{S} = 0, \quad \oint_l \boldsymbol{E}_1 \cdot \mathrm{d}\boldsymbol{l} = -\int_S \frac{\partial \boldsymbol{B}}{\partial t} \cdot \mathrm{d}\boldsymbol{S} \tag{11-56}$$

合并以后有

$$\oint_S \boldsymbol{D} \cdot \mathrm{d}\boldsymbol{S} = \int_V \rho \mathrm{d}V \tag{11-57}$$

$$\oint_l \boldsymbol{E} \cdot \mathrm{d}\boldsymbol{l} = -\int_S \frac{\partial \boldsymbol{B}}{\partial t} \cdot \mathrm{d}\boldsymbol{S} \tag{11-58}$$

式(11-57)表明，**任何电场中通过任意封闭曲面的电位移通量等于该曲面所包围的自由电荷的代数和**。式(11-58)表明，**电场强度沿任意闭合曲线的线积分等于通过以该曲线为边界的任意曲面的磁通量对时间变化率的负值**。

接着总结磁场相关规律。磁场中的磁感应线是闭合的，因此**磁场中通过任意闭合曲面的磁通量恒等于零**，即

$$\oint_S \boldsymbol{B} \cdot \mathrm{d}\boldsymbol{S} = 0 \tag{11-59}$$

磁场的环路则由全电流定律给出

$$\oint_L \boldsymbol{H} \cdot \mathrm{d}\boldsymbol{l} = \int_S \left(\boldsymbol{j}_0 + \frac{\partial \boldsymbol{D}}{\partial t} \right) \cdot \mathrm{d}\boldsymbol{S} \tag{11-60}$$

该式表明在任何磁场中，**磁场强度沿任意闭合曲线的线积分等于穿过以该曲线为边界的任意曲面的全电流**。

式(11-57)~式(11-60)是麦克斯韦以数学形式概括地描述电磁场普遍规律的方程组，通常称为麦克斯韦方程组的积分形式。方程组中各场量间关系不是彼此独立的，在有介质存在时它们还与介质的性质有关，因此需再补充描述介质性质的方程。对于各向同性的介质，有

$$\boldsymbol{D} = \varepsilon_0 \varepsilon_r \boldsymbol{E} = \varepsilon \boldsymbol{E} \tag{11-61}$$

$$\boldsymbol{B} = \mu_0 \mu_r \boldsymbol{H} = \mu \boldsymbol{H} \tag{11-62}$$

$$\boldsymbol{j} = \sigma \boldsymbol{E} \tag{11-63}$$

式中：ε、μ、σ 分别为介质的电容率、磁导率和电导率。$1/\sqrt{\varepsilon\mu}$ 的大小为介质中电磁波或光波的波速。

麦克斯韦方程组还有微分形式，具体如下

$$\nabla \cdot \boldsymbol{D} = \rho_0 \tag{11-64}$$

$$\nabla \times \boldsymbol{E} = -\frac{\partial \boldsymbol{B}}{\partial t} \tag{11-65}$$

$$\nabla \cdot \boldsymbol{B} = 0 \tag{11-66}$$

$$\nabla \times \boldsymbol{H} = \boldsymbol{j}_0 + \frac{\partial \boldsymbol{D}}{\partial t} \tag{11-67}$$

式中：$\nabla = \frac{\partial}{\partial x}\boldsymbol{i} + \frac{\partial}{\partial y}\boldsymbol{j} + \frac{\partial}{\partial z}\boldsymbol{k}$ 为梯度算符；式(11-64)和式(11-66)左边分别为电位移和磁感应强

度的散度；式(11-65)和式(11-67)左边分别为电场强度和磁场强度的旋度。

由宏观电磁现象总结出来的麦克斯韦方程组在电磁理论中处于基础地位，如同力学中牛顿运动定律处于基础地位。它的正确性经受了实验的检验，并在许多技术领域中发挥作用，产生深远的影响。麦克斯韦电磁理论最辉煌的成就就是预言了变化的电磁场以波的形式、按一定的速度在空间传播，这个预言在 1888 年被赫兹在实验中证实，并得到了积极广泛的应用。

§11.6 电磁波

11.6.1 电磁波的产生与发射

变化的磁场能激发电场，变化的电场又能激发磁场。这种由于二者相互激发、起初以有限速度向四周传播的局限于空间某区域的电磁场称为**电磁波**。

任何能使磁场或电场随时间变化的装置都称为电磁波波源，其基本单元为振荡电偶极子，振荡电偶极子是电矩的大小随时间作周期性变化的电偶极子。一对正负电荷就可组成一个振荡电偶极子，当其电荷或距离随时间发生非线性变化时，将在其邻近区域产生变化的电场和磁场，这种变化的电场和磁场又在较远的区域引起新的变化的磁场和电场，并在更远的区域引起新的变化电场和磁场。这样继续下去，变化的电场和磁场连续激发，由近及远，以有限的速度在空间传播，形成了电磁波。

如图 11-15(a)所示的 LC 振荡电路，虽然有电磁振荡，但只能在电路内部往复振荡而不能向外发射。要发射电场波必须做到两点：一是振荡频率要高，二是电磁场要开放。为此将振荡电路依次改为如图 11-15(b)~图 11-15(d)所示，这样就成了我们常见的天线装置。

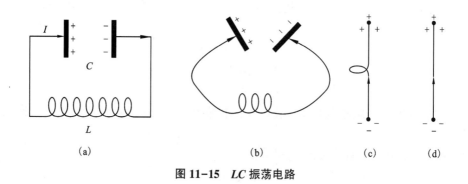

(a)　(b)　(c)　(d)

图 11-15　LC 振荡电路

实际的天线如图 11-16 所示。在无线电通信中，实际的天线可以看作由许多振荡电偶极子串联而成，而天线所发射的电磁波可看作这些振荡电偶极子辐射的电磁波的叠加。

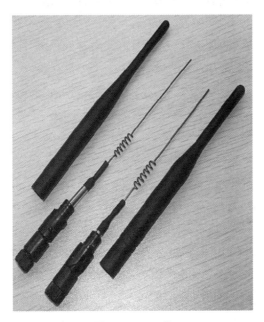

图 11-16　天线

11.6.2　电磁波的传播

电磁波发射以后,将以球面波形式向周围传播,在远离波源时可视为平面波,即

$$E=E_0\cos\omega\left(t-\frac{r}{v}\right)\quad H=H_0\cos\omega\left(t-\frac{r}{v}\right) \tag{11-68}$$

式中:E_0 和 H_0 为振幅。

电磁波的传播可以用图 11-17 来形象地进行描述。

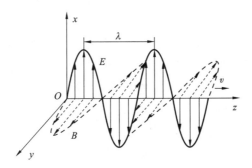

图 11-17　电磁波的传播

电磁波的主要性质有:

(1)电场 E 与磁场 H 的振动方向相互垂直,且均与电磁波的传播方向垂直,这说明电磁波是横波。

（2）沿给定方向传播的电磁波，E 和 H 分别在各自的平面上振动，这种特性称为偏振性，说明电磁波是偏振波。

（3）E 和 H 的相相位同，表明 E 和 H 的量值同时达到最大、同时减到最小，且同一位置任一时刻都存在关系：$\sqrt{\varepsilon}\,E = \sqrt{\mu}\,H$。

（4）电磁波的传播速度 v 的方向与 $E \times H$ 的方向相同，大小为 $v = 1/\sqrt{\varepsilon\mu}$，由介质的电容率和磁导率所决定。在真空中

$$v = \frac{1}{\sqrt{\varepsilon_0 \mu_0}} = 2.9979 \times 10^8 \ \mathrm{m/s} = c \tag{11-69}$$

这一结果与真空中光速的实验值相符，表明光波是一种电磁波。

（5）电磁波的频率与波源振荡频率相等，E 和 H 振幅都正比于频率的平方，因此短波易于发射。

在赫兹 1888 年用实验证实了电磁波的存在以后，1895 年，俄国人波波夫和意大利人马可尼分别实现了无线电信号的传送，为电磁波的实际应用做出了开创性的贡献，人类从此进入了无线通信的信息时代。

11.6.3 电磁波谱

自从赫兹用实验证实了电磁波的存在，人们认识到光波是电磁波以后，又陆续发现和认识到 X 射线、γ 射线等都是电磁波，将电磁波按频率或波长排列成谱，就称为**电磁波谱**，如图 11-18 所示。

在电磁波谱中，波长最长的是无线电波，它又因波长的不同（从几千米到几毫米）而分为长波、中波、短波、超短波、微波等。长波在介质中传播时损耗很小，故常用于远距离通信和导航；中波多用于航海和航空定向及无线电广播；短波多用于无线电广播、电报、通信等；超短波、微波多用于电视、雷达、无线电导航及其他专门用途。

红外线的波长为 $0.76 \sim 600 \ \mu\mathrm{m}$，由于它处于可见红光的外侧，故叫红外线。它可用于红外雷达、红外照相和夜视仪上。因为红外线有显著的热效应，故可用来取暖，在工业及农业生产中常用于红外烘干等。波长为 $400 \sim 760 \ \mathrm{nm}$ 的波，可为人眼所感知，所以叫可见光。波长为 $5 \sim 400 \ \mathrm{nm}$ 的波叫紫外线，它能引起化学反应和荧光反应。医学上常用紫外线杀菌，农业上可用紫外线诱杀害虫。红外线、可见光、紫外线这三部分电磁波合称为光辐射。

X 射线（也叫伦琴射线）的波长为 $0.04 \sim 5 \ \mathrm{nm}$。它的能量很大，有很强的穿透能力，是医疗透视、检查金属内部损伤和分析物质晶体结构的有力工具。

波长最短的波是 γ 射线，波长在 $0.04 \ \mathrm{nm}$ 以下。γ 射线的能量和穿透能力比 X 射线还大，可用来进行放射性实验，产生高能粒子，还可借助它研究天体，认识宇宙。

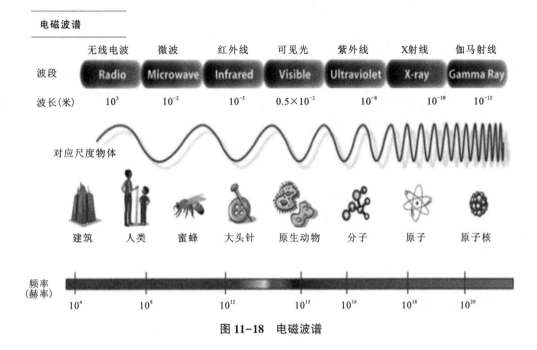

图 11-18　电磁波谱

本章小结

（1）法拉第电磁感应定律：$\varepsilon = -N\dfrac{\mathrm{d}\Phi_\mathrm{m}}{\mathrm{d}t}$。

（2）磁通链：$\Psi_\mathrm{m} = N\Phi_\mathrm{m}$。

（3）楞次定律：闭合回路中的感应电流的方向，总是使得感应电流所产生的通过回路所包围面积的磁通量去补偿引起感应电流的磁通量的变化。

（4）动生电动势：$\varepsilon = \displaystyle\int_a^b (\boldsymbol{v} \times \boldsymbol{B}) \cdot \mathrm{d}\boldsymbol{l}$。

（5）感生电动势：$\varepsilon = \displaystyle\int_a^b \boldsymbol{E}_r \cdot \mathrm{d}\boldsymbol{l}$。

（6）$\displaystyle\oint_L \boldsymbol{E}_r \cdot \mathrm{d}\boldsymbol{l} = = -\int_S \dfrac{\partial \boldsymbol{B}}{\partial t} \cdot \mathrm{d}\boldsymbol{S}$。

（7）自感电动势：$\varepsilon_\mathrm{L} = -L\dfrac{\mathrm{d}I}{\mathrm{d}t}$。

（8）螺线管的自感系数为：$L = \mu n^2 V$。

（9）互感电动势：$\varepsilon_{21} = -M\dfrac{\mathrm{d}I_1}{\mathrm{d}t}$；$\varepsilon_{12} = -M\dfrac{\mathrm{d}I_2}{\mathrm{d}t}$。

（10）自感磁能：$W_\mathrm{m} = \dfrac{1}{2}LI^2$。

（11）磁能密度：$w_{\mathrm{m}} = \dfrac{1}{2}\dfrac{B^2}{\mu} = \dfrac{1}{2}\mu H^2 = \dfrac{1}{2}BH$。

（12）位移电流密度：$j_D = \dfrac{\mathrm{d}\boldsymbol{D}}{\mathrm{d}t}$。

（13）全电流定律：在普通情况下，磁场强度沿任一闭合路径的积分等于穿过以该路径为边界的任意曲面的全电流。

（14）麦克斯韦方程组：$\oint_S \boldsymbol{D} \cdot \mathrm{d}\boldsymbol{S} = \int_V \rho\,\mathrm{d}V$；$\oint_l \boldsymbol{E} \cdot \mathrm{d}\boldsymbol{l} = -\int_S \dfrac{\partial \boldsymbol{B}}{\partial t} \cdot \mathrm{d}\boldsymbol{S}$；$\oint_S \boldsymbol{B} \cdot \mathrm{d}\boldsymbol{S} = 0$；$\oint_L \boldsymbol{H} \cdot \mathrm{d}\boldsymbol{l} = \int_S (\boldsymbol{j}_0 + \dfrac{\partial \boldsymbol{D}}{\partial t}) \cdot \mathrm{d}\boldsymbol{S}$。

（15）描述介质性质的方程：$\boldsymbol{D} = \varepsilon_0 \varepsilon_r \boldsymbol{E} = \varepsilon\boldsymbol{E}$；$\boldsymbol{B} = \mu_0 \mu_r \boldsymbol{H} = \mu\boldsymbol{H}$；$\boldsymbol{j} = \sigma\boldsymbol{E}$。

（16）电磁波：由于电场和磁场相互激发，起初局限于空间某区域的电磁场以有限速度向四周传播能量。

（17）电磁波谱：将电磁波按频率或波长排列成谱，就称为电磁波谱。

 练习题

基础练习

1. 如图 11-19 所示，弹簧上端固定，下端悬挂一根磁铁，磁铁正下方不远处的水平面上放一个质量为 m，电阻为 R 的闭合线圈。将磁铁慢慢托起到弹簧恢复原长时放开，磁铁开始上下振动，线圈始终静止在水平面上，不计空气阻力，则以下说法正确的是(　　)。

A. 磁铁做简谐运动

B. 磁铁最终能静止

C. 在磁铁振动过程中线圈对水平面的压力有时大于 m_g，有时小于 m_g

D. 若线圈为超导线圈，磁铁最终也能静止

2. 如图 11-20 所示电路中，自感系数较大的线圈 L 的直流电阻不计，下列操作中能使电容器 C 的 A 板带正电的是(　　)。

A. S 闭合的瞬间　　　　　　　　　　B. S 断开的瞬间

C. S 闭合，电路稳定后　　　　　　　D. S 闭合，向左移动变阻器触头

3. 如图 11-21 所示，ef、gh 为两水平放置相互平行的金属导轨，ab、cd 为搁在导轨上的两金属棒，与导轨接触良好且无摩擦。当一条形磁铁向下靠近导轨时，关于两金属棒的运动情况的描述正确的是(　　)。

A. 如果下端是 N 极，两棒向外运动，如果下端是 S 极，两棒相向靠近

B. 如果下端是 S 极，两棒向外运动，如果下端是 N 极，两棒相向靠近

C. 不管下端是何极性，两棒均向外相互远离

D. 不管下端是何极性，两棒均相互靠近

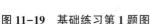

图 11-19　基础练习第 1 题图

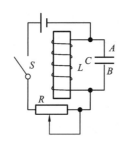

图 11-20　基础练习第 2 题图

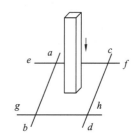

图 11-21　基础练习第 3 题图

4. 如图 11-22 所示，竖直面内的虚线上方是一匀强磁场 B，从虚线下方竖直上抛一正方形线圈，线圈越过虚线进入磁场，最后又落回到原处，运动过程中线圈平面保持在竖直面内，不计空气阻力，则(　　)。

　A.上升过程克服磁场力做的功大于下降过程克服磁场力做的功

　B.上升过程克服磁场力做的功等于下降过程克服磁场力做的功

　C.上升过程克服重力做功的平均功率大于下降过程中重力的平均功率

　D.上升过程克服重力做功的平均功率等于下降过程中重力的平均功率

5. 两根很长的平行直导线，其间距离为 a，与电源组成闭合回路，如图 11-23 所示。已知导线上的电流为 I，在保持 I 不变的情况下，若将导线间的距离增大，则空间的(　　)。

　A.总磁能将增大　　　　　　　　　　B.总磁能将减少

　C.总磁能将保持不变　　　　　　　　D.总磁能的变化不能确定

6. 如图 11-24 所示，竖直平面内有一金属环，半径为 a，总电阻为 R(指拉直时两端的电阻)，磁感应强度为 B 的匀强磁场垂直穿过环平面，与环的最高点 A 铰链连接的长度为 $2a$、电阻为的导体棒 AB 由水平位置紧贴环面摆下，当摆到竖直位置时，B 点的线速度为 v，则这时 AB 两端的电压大小为(　　)。

　A.$\dfrac{Bav}{3}$　　　　　B.$\dfrac{Bav}{6}$　　　　　C.$\dfrac{2Bav}{3}$　　　　　D.Bav

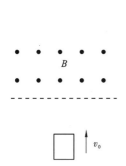

图 11-22　基础练习第 4 题图

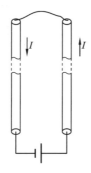

图 11-23　基础练习第 5 题图

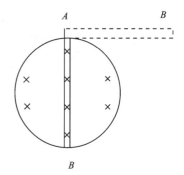

图 11-24　基础练习第 6 题图

7. 磁感应强度为 B 的匀强磁场中有一交流发电装置，如图 11-25 所示，矩形线圈匝数为 n，电阻为 r，边长分别为 l_1 和 l_2，绕转轴匀速旋转的角速度为 ω，外接电阻为 R，电压表为理想电压表，则从线圈平面与磁场方向平行开始计时，交变电流的瞬时值 $i =$ _____，转过 90°的过程中 R 上产生的电热 $Q =$ _____。

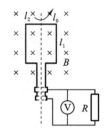

图 11-25   基础练习
第 7 题图

8. 一电阻为 R 的金属圆环，放在匀强磁场中，磁场与圆环所在平面垂直，如图 11-26(a)所示。已知通过圆环的磁通量随时间 t 的变化关系如图 11-26(b)所示，图中的最大磁通量 φ_0 和变化周期 T 都是已知量，求：

(1)在 $t=0$ 到 $t=T/4$ 的时间内，通过金属圆环横截面的电荷量 q；

(2)在 $t=0$ 到 $t=2T$ 的时间内，金属环所产生的电热 Q。

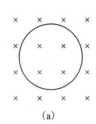
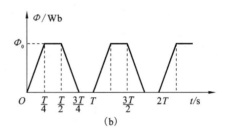

图 11-26   基础练习第 8 题图

综合进阶

1. 半径为 a 的圆线圈置于磁感应强度为 B 的均匀磁场中，线圈平面与磁场方向垂直，线圈电阻为 R；当把线圈转动使其法向与 B 的夹角 $\alpha = 60\,°$ 时，线圈中已通过的电量与线圈面积及转动的时间的关系是(   )。

A. 与线圈面积成正比，与时间无关

B. 与线圈面积成正比，与时间成正比

C. 与线圈面积成反比，与时间成正比

D. 与线圈面积成反比，与时间无关

2. 如图 11-27 所示，棒 AD 长为 L，在匀强磁场 B 中绕 OO' 转动。角速度为 ω，$AC=L/3$。则 A、D 两点间电势差为(   )。

A. $U_D - U_A = \dfrac{1}{6}B\omega L^2$

B. $U_A - U_D = \dfrac{1}{6}B\omega L^2$

C. $U_D - U_A = \dfrac{2}{9}B\omega L^2$

D. $U_A - U_D = \dfrac{2}{9}B\omega L^2$

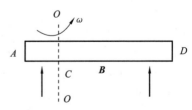

图 11-27   综合进阶第 2 题图

3. 一半径 $r = 10$ cm 的圆形闭合导线回路置于均匀磁场 $\boldsymbol{B}$（$B = 0.80T$）中，$\boldsymbol{B}$ 与回路平面正交。若圆形回路的半径从 $t = 0$ 开始以恒定的速率 $\mathrm{d}r/\mathrm{d}t = -80$ cm/s 收缩，则在这 $t = 0$ 时刻，闭合回路中的感应电动势大小为 _____ ；如要求感应电动势保持这一数值，则闭合回路面积应以 $\mathrm{d}S/\mathrm{d}t =$ _____ 的恒定速率收缩。

4. 将条形磁铁插入与冲击电流计串联的金属环中时，有 $q = 2.0 \times 10^{-5}$ C 的电荷通过电流计。若连接电流计的电路总电阻 $R = 25$ Ω，则穿过环的磁通的变化 $\Delta\Phi =$ _____ 。

5. 在一个中空的圆柱面上紧密地绕有两个完全相同的线圈 aa' 和 bb'（图 11-28）。已知每个线圈的自感系数都等于 0.05 H。若 a、b 两端相接，a'、b' 接入电路，则整个线圈的自感 $L =$ _____ 。若 a、b' 两端相连，a'、b 接入电路，则整个线圈的自感 $L =$ _____ 。若 a、b 相连，且 a'、b' 相连，再以此两端接入电路，则整个线圈的自感 $L =$ _____ 。

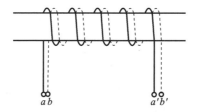

图 11-28 　综合进阶第 5 题图

6. 螺绕环中心周长 $L = 10$ cm，环上线圈匝数 $N = 200$ 匝，线圈中通有电流 $I = 100$ mA。
(1)当管内是真空时，求管中心的磁场强度 $\boldsymbol{H}$ 和磁感应强度 $\boldsymbol{B}_0$；
(2)若环内充满相对磁导率 $\mu = 4200$ 的磁性物质，则管内的 $\boldsymbol{B}$ 和 $\boldsymbol{H}$ 各是多少？

7. 如图 11-29 所示，一长直导线，通有电流 $I = 5.0$ A，在与其相距 d 米处放有一矩形线圈，共 N 匝。线圈以速度 v 沿垂直于长导线的方向向右运动，求：(1)至如图 11-29 所示位置时，线圈中的动生电动势是多少？（设线圈长 L，宽 a cm）。(2)若线圈不动，而长导线通有交变电流 $I = 5\sin 100\,\pi t$ A，线圈中的感生电动势是多少？

8. 均匀磁场 I_1 被限制在半径 $R = 10$ cm 的无限长圆柱空间内，方向垂直纸面向里。取一固定的等腰梯形回路 $abcd$，梯形所在平面的法向与圆柱空间的轴平行，位置如图 11-30 所示。设磁感强度以 $\mathrm{d}B/\mathrm{d}t = 1$ T/s 的匀速率增加，已知 I_1，求等腰梯形回路中感生电动势的大小和方向。

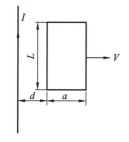

图 11-29 　综合进阶第 7 题图

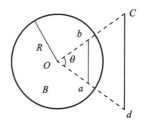

图 11-30 　综合进阶第 8 题图

9. 一无限长圆柱形直导线,其截面各处的电流密度相等,总电流为 I。求:导线内部单位长度上所储存的磁能。

10. 如图 11-31 所示,长直导线通以电流 $I = 5$ A,在其右方放一长方形线圈,两者共面。线圈长 $b = 0.06$ m,宽 $a = 0.04$ m,线圈以速度 $v = 0.03$ m/s 垂直于直线平移远离。求:$d = 0.05$ m 时线圈中感应电动势的大小和方向。

11. 有界匀强磁场区域如图 11-32(a)所示,质量为 m、电阻为 R 的长方形矩形线圈 $abcd$ 边长分别为 L 和 $2L$,线圈一半在磁场内,另一半在磁场外,磁感强度为 B_0。$t_0 = 0$ 时刻磁场开始均匀减小,线圈中产生感应电流,在磁场力作用下运动,v-t 图像如图 11-32(b)所示,图中斜向虚线为 O 点速度图线的切线,数据由图中给出,不考虚重力影响。求:

(1)磁场磁感应强度的变化率;

(2)t_2 时刻回路电功率。

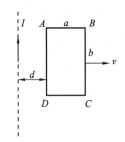

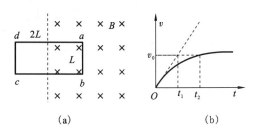

(a)   (b)

图 11-31　综合进阶第 10 题图 　　　　　图 11-32　综合进阶第 11 题图

12. 如图 11-33 所示,两根足够长固定平行金属导轨位于倾角 $\theta = 30°$ 的斜面上,导轨上、下端各接有阻值 $R = 20$ Ω 的电阻,导轨电阻忽略不计,导轨宽度 $L = 2$ m,在整个导轨平面内都有垂直于导轨平面向上的匀强磁场,磁感应强度 $B = 1$ T。质量 $m = 0.1$ kg、连入电路的电阻 $r = 10$ Ω 的金属棒 ab 在较高处由静止释放,当金属棒 ab 下滑高度 $h = 3$ m 时,速度恰好达到最大值 $v = 2$ m/s,金属棒 ab 在下滑过程中始终与导轨垂直且与导轨接触良好。g 取 10 m/s² 。求:

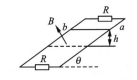

图 11-33　综合进阶第 12 题图

(1)金属棒 ab 由静止至下滑高度为 3 m 的运动过程中机械能的减少量。

(2)金属棒 ab 由静止至下滑高度为 3 m 的运动过程中导轨上端电阻 R 中产生的热量。

练习题参考答案

第五篇

光学

　　光学是研究光的本性、光的传播和光与物质相互作用等规律的学科，其内容通常分为几何光学、波动光学和量子光学三部分。以光的直线传播为基础，研究光在透明介质中传播规律的光学称为几何光学；以光的波动性质为基础，研究光的传播及规律的光学称为波动光学；以光的粒子性为基础，研究光与物质相互作用规律的光学称为量子光学。

　　光的干涉、衍射和偏振现象在现代科学技术中的应用已十分广泛，如长度的精度测量、光谱学的测量与分析、光测弹性研究、晶体结构分析等。20世纪60年代以来，由于激光的问世及迅速发展，光学研究和应用的新领域不断被开拓，如全息技术、信息光学、集成光学、光纤通信以及强激光下的非线性光学效应研究等，推动了现代科技的发展。

　　本篇只是从波动的角度来研究光的性质，分别介绍光的干涉、衍射和偏振，至于它的量子性将在后面章节介绍。

阅读材料一：现代光学简介

　　如果说眼睛是心灵的窗户，那么，光就是打开我们眼睛与外面世界大门的钥匙。

　　光，无处不在，在我们的生活中，在我们的周围。

　　没有了光，我们的生活会怎样？没有了光，我们的世界又会怎样？

　　奇异的日食、蔚蓝的天空、红色的落日、绚丽的霞光、美妙的彩虹、神秘的海市蜃楼……

这些美妙的景象无不令人心醉着迷, 但在这些美景的背后又隐藏了多少科学界的奥秘等待着人们去探索, 去发现?

光, 准确的定义是人类眼睛可以看见的一种电磁波, 也称可见光谱。光在科学上的定义, 是指所有的电磁波谱。光是以光子为基本粒子组成, 具有粒子性与波动性, 称为波粒二象性。光可以在真空、空气、水等透明的物质中传播。对于可见光的范围没有一个明确的界限, 一般人的眼睛所能接受的光的波长为 400~700 mm。人们看到的光来自太阳或借助于产生光的设备, 包括白炽灯泡、荧光灯管、激光器、萤火虫等。

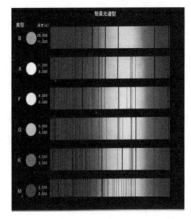

光分为人造光和自然光。自身发光的物体称为光源, 光源分冷光源和热光源。人眼对各种波长的可见光具有不同的敏感性。实验证明, 正常人眼对于波长为 555 nm 的黄绿色光最敏感, 即这种波长的辐射能引起人眼最大的视觉, 而越偏离 555 nm 的辐射, 可见度越小。

了解光, 了解光学, 我们才能更好地去发现生活中的光, 体会不一样的大自然。

光学, 是研究光(电磁波)的行为和性质, 以及光和物质相互作用的物理学科。传统的光学只研究可见光, 现代光学已扩展到对全波段电磁波的研究。光是一种电磁波, 在物理学中, 电磁波由电动力学中的麦克斯韦方程组描述; 同时, 光具有波粒二象性, 需要用量子力学表达。

光学也有着悠长而曲折的发展历史。公元前 400 多年, 中国的《墨经》中记录了世界上最早的光学知识。它有八条关于光学的记载, 叙述了影的定义和生成, 以及光的直线传播性和针孔成像, 并且以严谨的文字讨论了在平面镜、凹球面镜和凸球面镜中物和像的关系。公元前约 330—前 260 年, 欧几里得的《反射光学》研究了光的反射; 阿拉伯学者阿勒·哈增 (965—1038) 写过一部《光学全书》, 讨论了许多光学的现象。

11 世纪阿拉伯人伊本·海赛木发明透镜; 1590 年到 17 世纪初, 詹森和李普希同时独立地发明显微镜; 一直到 17 世纪上半叶, 才由斯涅耳和笛卡儿将光的反射和折射的观察结果, 归结为现在大家所惯用的反射定律和折射定律。

17 世纪, 牛顿进行了太阳光的实验, 把太阳光分解成简单的组成部分。这些成分形成一个颜色按一定顺序排列的光分布——光谱, 之后又有了牛顿环现象的发现, 根据光的直线传播性, 牛顿提出光是一种微粒。惠更斯提出了波动说。19 世纪初, 波动光学初步形成, 其中托马斯·杨圆满地解释了"薄膜颜色"和双狭缝干涉现象。菲涅耳于 1818 年以杨氏干涉原理补充了惠更斯原理, 由此形成了现在为人们所熟知的惠更斯-菲涅耳原理, 用它可圆满地解释光的干涉和衍射现象, 也能解释光的直线传播。在进一步的研究中, 人们观察到了光的偏振和偏振光的干涉。

1846 年, 法拉第发现了光的振动面在磁场中发生旋转; 1856 年, 韦伯发现光在真空中的速度等于电流强度的电磁单位与静电单位的比值。他们的发现表明光学现象与磁学、电学现象间有一定的内在关系。1860 年前后, 麦克斯韦指出, 电场和磁场的改变, 不能局限于空间的某一部分, 而是以等于电流的电磁单位与静电单位的比值的速度传播着, 光就是这样一种电磁现象。这个结论在 1888 年为赫兹的实验所证实。然而, 这样的理论还不能说明能产生像光这样高的频率的电振子的性质，也不能解释光的色散现象。到了 1896 年洛伦兹创立电子论，才解释了发光和物质吸收光的现象，也解释了光在物质中传播的各种特点，包括对色散现象的解释。在洛伦兹的理论中，以太乃是广袤无垠的不动的媒质，其唯一特点是，在这种媒质中光振动具有一定的传播速度。

1900 年，普朗克从物质的分子结构理论中借用不连续性的概念，提出了辐射的量子论。他认为各种频率的电磁波，包括光，只能以各自确定分量的能量从振子射出，这种能量微粒称为量子，光的量子称为光子。1905 年，爱因斯坦运用量子论解释了光电效应。他给光子作了十分明确的表达，特别指出光与物质相互作用时，光也是以光子为最小单位进行的。

于是，在 20 世纪初，一方面人们从光的干涉、衍射、偏振以及运动物体的光学现象确证了光是电磁波；而另一方面人们又从热辐射、光电效应、光压以及光的化学作用等证明了光的量子性——微粒性。

光学的一个重要的分支是由成像光学、全息术和光学信息处理组成的。自 20 世纪 50 年代以来，人们开始把数学、电子技术和通信理论与光学结合起来，给光学引入了频谱、空间滤波、载波、线性变换及相关运算等概念，更新了经典成像光学，形成了所谓"博里叶光学"；再加上由激光所提供的相干光和由利思及阿帕特内克斯改进的全息术，形成了一个新的学科领域——光学信息处理。光纤通信就是依据这方面理论的重要成就为信息传输和处理提供的崭新的技术。

光子信息系统的空间带宽和频率带宽都很大，带宽和连接性的彻底改善将使系统的信息交换和传递更加通畅。这一优异特性已在现代光通信中得以充分体现，或者说近些年光纤通信的迅猛发展是光子技术促成的。光纤通信的容量从原理上讲比微波通信大 1 万倍到 10 万倍以上，一路微波通道可以传送一路彩色电视信号或 1 千多路数字电话信号，而一根光纤则可以同时传送 1 千多万甚至 1 亿路电话信号。

光纤通信是现代通信网的主要传输手段，它的发展历史只有 30 多年，已经历 3 代：短波长多模光纤、长波长多模光纤和长波长单模光纤。采用光纤通信是通信史上的重大变革，美、日、英、法等 20 多个国家已宣布不再建设电缆通信线路，而致力于发展光纤通信。我国光纤通信已进入实用阶段。光纤通信的诞生和发展是电信史上的一次重要革命，与卫星通信、移动通信并列为 20 世纪 90 年代的技术。进入 21 世纪后，由于因特网业务的迅速发展和音频、视频、数据、多媒体应用的增长，对大容量(超高速和超长距离)光波传输系统和网络有了更为迫切的需求。光纤通信与以往的电气通信相比，主要区别在于它有很多优点：传输频带宽、通信容量大；传输损耗低、中继距离长；线径细、重量轻，原料为石英，节省金属材料，有利于资源合理使用；绝缘、抗电磁干扰性能强；还具有抗腐蚀能力强、抗辐射能力强、可绕性好、无电火花、泄露少、保密性强等，可在特殊环境或军事上使用。光纤通信的应用领域很广泛，目前主要用于市话中继线，其可以充分发挥，并逐步取代电缆，得到广泛应用。长途干线通信过去主要靠电缆、微波、卫星通信，现已逐步使用光纤通信，并形成了占全球优势的比特传输方法。

在现代光学中，由强激光产生的非线性光学现象正为越来越多的人所注意。激光光谱学，包括激光拉曼光谱学、高分辨率光谱和皮秒超短脉冲、可调谐激光技术的出现，已使传统的光谱学发生了很大的变化，成为深入研究物质微观结构、运动规律及能量转换机制的重要手段。它为凝聚态物理学、分子生物学和化学的动态过程的研究提供了前所未有的技术。

现代光学源于20世纪60年代初激光的出现，从而促进大批光学方面的新成果的产生，并由此派生出一系列光学领域的新分支，光学领域出现的这种飞跃发展的根本原因，是激光的固有特征在传输过程中所引发的许多新的效应和规律。

激光是20世纪以来，继原子能、计算机、半导体之后，人类的又一重大发明，被称为"最快的刀""最准的尺""最亮的光"和"奇异的激光"。它的亮度为太阳光的100亿倍。它的原理早在1916年已被著名的美国物理学家爱因斯坦发现，但直到1960年激光才被首次成功制造。激光是在有理论准备和生产实践迫切需要的背景下应运而生的，它一问世，就获得了异乎寻常的飞快发展，激光的发展不仅使古老的光学科学和光学技术获得了新生，而且导致一门新兴产业的出现。激光可使人们有效地利用前所未有的先进方法和手段，获得空前的效益和成果，从而促进了生产力的发展。

1960年7月7日，梅曼研制成功世界上第一台激光器。激光的特点有：定向发光、亮度极高、颜色极纯、能量密度极大。激光有很多特性：首先，激光是单色的，或者说是单频的。有一些激光器可以同时产生不同频率的激光，但是这些激光是互相隔离的，使用时也是分开的。其次，激光是相干光。相干光的特征是其所有的光波都是同步的，整束光就好像一个"波列"。最后，激光是高度集中的，也就是说它要走很长的一段距离才会出现分散或者收敛的现象。

激光的应用有很多，包括激光加工技术、激光焊接、激光切割、激光治疗、激光打标、激光打孔、激光热处理、激光快速成型、激光涂敷等。激光在医学上的应用主要分三类：激光生命科学研究、激光诊断、激光治疗。其中激光治疗又分为激光手术治疗、弱激光生物刺激作用的非手术治疗和激光的光动力治疗。

激光在美容界的用途越来越广泛。激光是通过产生高能量，聚焦精确，具有一定穿透力的单色光，可作用于人体组织而在局部产生高热量从而达到去除或破坏目标组织的目的，各种不同波长的脉冲激光可治疗各种血管性皮肤病及色素沉着，如太田痣、鲜红斑痣、雀斑、老年斑、毛细血管扩张等，以及去文身、洗眼线、洗眉、治疗瘢痕等；而近年来一些新型的激光仪，使用高能超脉冲 CO_2 激光、铒激光进行除皱、磨皮换肤、治疗打鼾、美白牙齿等，取得了良好的疗效，为激光外科开辟了越来越广阔的领域。激光手术有传统手术无法比拟的优越性。

另外，激光还有其他的一些新的应用。激光冷却是利用激光和原子的相互作用减速原子运动以获得超低温原子的高新技术。激光光谱是以激光为光源的光谱技术。激光传感器是利用激光技术进行测量的传感器。激光雷达是指用激光器作为辐射源的雷达。激光武器是一种利用定向发射的激光束直接毁伤目标或使之失效的定向能武器。激光玻璃是一种以玻璃为基质的固体激光材料。它广泛应用于各类型固体激光器中，并成为高功率和高能量激光器的主要激光材料。

随着社会的不断发展，信息的地位和作用也变得愈来愈重要，谁掌握的信息越迅速、越准确、越丰富，谁也就更加掌握了主动权，也就有了更多成功的机会。激光的出现引发了一场信息革命，从 VCD、DVD 光盘到激光照排，激光的使用大大提高了效率，以及方便了人们保存和提取信息，"激光革命"意义非凡。激光的空间控制性和时间控制性很好，对加工对象的材质、形状、尺寸和加工环境的自由度都很大，特别适用于自动化加工，激光加工系统与计算机数控技术相结合可构成高效自动化加工设备，已成为企业实行适时生产的关键技术，为优质、高效和低成本的加工生产开辟了广阔的前景。目前，激光技术已经融入我们的日常生活之中，在未来的岁月中，激光会带给我们更多的奇迹。

光在我们的周围，光学渗透着我们的生活。大自然的很多光现象和光奇观都有一定的科学依据和原理。科学研究表明，地球大气中充满了尘埃和其他悬浮微粒，大气并非完全透明。蓝天、白云、红日其实都是太阳光被大气散射的结果。虹霓现象是大气中的水滴对阳光折射、色散和全反射所产生的综合效应。海市蜃楼是由光的折射产生的一种现象，即光在密度分布不均匀的空气中传播时产生的全反射现象。

光是地球生命的来源之一。光是人类生活的依据。光是人类认识外部世界的工具。光是信息的理想载体或传播媒质。据统计，人类感官收到外部世界的总信息中，90%以上通过眼睛……当然，大自然还有很多光学现象我们目前仍无法解释，而现代光学的发展又极其迅速，现代光学的应用方面还存在着诸多问题，这些都需要我们去探索，去思考，去解决。

光，不只是给大自然的一切赋予生存的活力，在人类的历史发展进程中，光也扮演着重要的角色，发挥它的价值，使人类从中受益匪浅。只要我们认真发现、认真思考，我们会发现生活中还有很多美好事物的存在。

阅读材料二：常见的光学材料

透镜是光学实验中的主要元件之一，可采用多种不同的光学材料制成，用于光束的准直、聚焦、成像。各种球面和非球面透镜，主要制作材料有 BK7 玻璃、紫外级熔融石英（UVFS）、红外级氟化钙（CaF_2）、氟化镁（MgF_2），以及硒化锌（ZnSe）。在从可见光到近红外小于 2.1 μm 的光谱范围内，BK7 玻璃具有良好的性能，且价格适中。在紫外区域一直到 195 nm 范围内，紫外级熔融石英是一种非常好的选择。在可见光到近红外 2.1 μm 范围内，熔融石英具有比 BK7 玻璃更高的透射率、更好的均匀度以及更低的热膨胀系数。氟化钙和氟化镁则适用于深紫外或红外应用。接下来将对这些常见光学材料的性质和应用进行介绍，并列出了一些基本的材料参数。

1. BK7 玻璃

BK7 是一种常见的硼硅酸盐冕玻璃，广泛用作可见光和近红外区域的光学材料。它的高均匀度、低气泡和杂质含量，以及简单的生产和加工工艺，使它成为制作透射性光学元件的良好选择。BK7 的硬度也比较高，可以防止划伤。透射光谱范围为 380~2100 nm。但是它具有较高的热膨胀系数，不适合用在环境温度多变的应用中。

2. 紫外级熔融石英(UV grade fused silica, UVFS)

紫外级熔融石英紫外级熔融石英是一种合成的无定形熔融石英材料，具有极高的纯度。这种非晶的石英玻璃具有很低的热膨胀系数、良好的光学性能，以及高紫外透过率，可以透射直到 195 nm 的紫外光。它的透射性和均匀度均优于晶体形态的石英，且没有石英晶体的关于取向性和热不稳定性等问题。由于它的高激光损伤阈值，熔融石英常用于高功率激光的应用中。它的光谱透射可达 2.1 μm，且具有良好的折射率均匀性和极低的杂质含量，常见应用包括透射性和折射性的光学元件，尤其是对激光损伤阈值要求较高的应用。

3. 氟化钙(CaF_2)

氟化钙是一种具有简单立方晶格结构的晶体材料，采用真空 Stockbarger 技术生长制备。它在真空紫外波段到红外波段都具有良好的透射性。这种宽光谱透射特性，加上它没有双折射性质，使它成为紫外到红外宽光谱应用的理想选择。氟化钙在 0.25~7 μm 的透射率在 90% 以上，并具有较高的激光损伤阈值，常用于制作准分子激光的光学元件。红外级氟化钙通常采用自然界中可见的萤石生长制成，成本低廉。但氟化钙具有较大的热膨胀系数，热稳定性很差，要避免在高温环境中使用。氟化钙的折射率比较低，因此通常不需要在表面镀增透膜。

4. 氟化镁(MgF_2)

氟化镁是一种具有正双折射性质的晶体，可采用 Stockbarger 技术生长，同样在真空紫外波段到红外波段有良好的透射，通常在切割时使它的 c 轴与光轴方向平行，以降低双折射性质。氟化镁是另一种深紫外到红外的光学材料选择，透射范围为 0.15~6.5 μm。另外，它可用于含氟的环境中，可用作准分子激光器的透镜、窗片、偏振器等。氟化镁具有良好的热稳定性和硬度，并且具有高激光损伤阈值。它的折射率也比较低，通常不需要镀增透膜。氟化镁相比于其他的深紫外到红外的光学材料更经久耐用。这些性质使它成为很多生物学和军事上采用宽带宽激光脉冲成像的应用的理想选择。

5. 石英晶体(crystal quartz)

石英是一种单轴正双折射单晶晶体,可采用水热法生长。它在真空紫外到近红外区域具有良好的透射性。因其双折射性质,石英晶体常用作波片材料。

6. 微晶玻璃(zerodur)

Zerodur 是一种玻璃陶瓷材料,热膨胀系数接近于零,具有极佳的热稳定性。这使得 Zerodur 成为制作光学镜片衬底的理想选择。Zerodur 通常含有杂质,不适于制作透射性光学元件。

7. 硒化锌(ZnSe)

硒化锌可通过化学气相沉积方法制备,常用于热成像和医疗系统中。硒化锌作为一种应用广泛的红外透镜材料,具有很宽的透射谱域(600 nm ~ 16 μm)。它的折射率较高,一般需要在表面镀增透膜,以减少反射。硒化锌材料较软,容易被划伤,因此不适用于比较粗糙的环境,在清洁和安装时也要格外注意。因其高透射率和耐热性能,硒化锌成为高功率二氧化碳激光器的光学元件材料的最佳选择。

第12章

光的干涉

高中物理知识点回顾

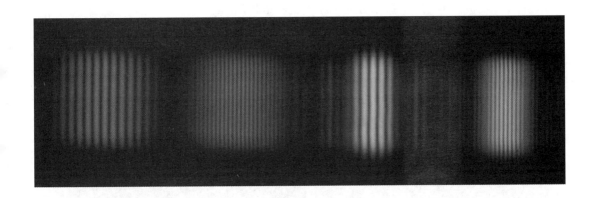

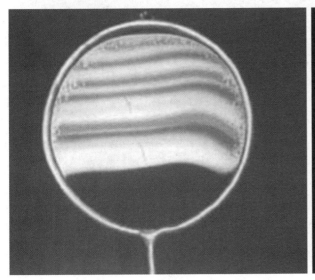

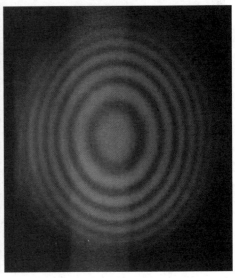

§12.1   光源   光的相干性

12.1.1   光源

1. 光源的发光机理

能发光的物体称为**光源**。常用的光源有两类：**普通光源**和**激光光源**(图 12-1)。普通光源有热光源(由热能激发，如白炽灯、太阳)、冷光源(由化学能、电能或光能激发，如日光灯、气体放电管)等。各种光源的激发方式不同，辐射机理也不同。在热光源中，大量分子和原子在热能的激发下处于高能量的激发态，当它从激发态返回到较低能量状态时，就把多余的能量以光波的形式辐射出来，这便是热光源的发光。这些分子或原子，间歇地向外发光，发光时间极短，仅持续大约 10^{-8} s，因而它们发出的光波是在时间上很短、在空间中为有限长的一串串波列。由于各个分子或原子的发光参差不齐，彼此独立，互不相关，因而在同一时刻，各个分子或原子发出的波列的频率、振动方向和相位都不相同。即使是同一分子或原子，在不同时刻所发出的波列的频率、振动方向和相位也不尽相同。

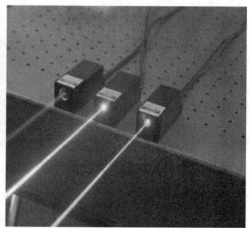

图 12-1   常见光源

2. 光的颜色和光谱

光源发出的可见光是频率在 3.9×10^{14} 至 7.7×10^{14} 范围内可以引起视觉的电磁波，它在真空中对应的波长是 380~760 nm(图 12-2)。在可见光范围内，不同频率的光将引起不同的颜色感觉，表 12-1 是各光色与频率(或真空中的波长)的对照。由表 12-1 可见，波长从小到大呈现出从紫到红等各种颜色。

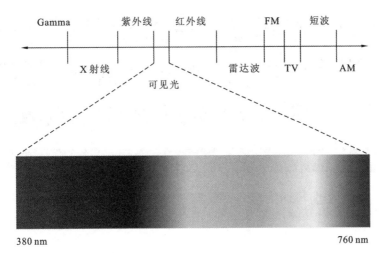

图 12-2 可见光谱

表 12-1 光的颜色与频率、波长对照表

光色	波长/nm	频率/Hz
红	$622 \sim 760$	$3.9 \times 10^{14} \sim 4.7 \times 10^{14}$
橙	$597 \sim 622$	$4.7 \times 10^{14} \sim 5.0 \times 10^{14}$
黄	$577 \sim 597$	$5.0 \times 10^{14} \sim 5.5 \times 10^{14}$
绿	$492 \sim 577$	$5.5 \times 10^{14} \sim 6.3 \times 10^{14}$
青	$450 \sim 492$	$6.3 \times 10^{14} \sim 6.7 \times 10^{14}$
蓝	$435 \sim 450$	$6.7 \times 10^{14} \sim 6.9 \times 10^{14}$
紫	$380 \sim 435$	$6.9 \times 10^{14} \sim 7.7 \times 10^{14}$

只含单一波长的光,称为**单色光**。然而,严格的单色光在实际中是不存在的,一般光源的发光是由大量分子或原子在同一时刻发出的,它包含了各种不同的波长成分,称为**复色光**。

如果光波中包含的成分波长范围很窄,则这种光称为准单色光,也就是通常所说的单色光。波长范围 $\Delta \lambda$ 越窄,其单色性越好。例如,用滤光片从白光中得到的色光,其波长范围相当宽,$\Delta \lambda \approx 10$ nm;在气体原子发出的光中,每一种成分的光的波长范围 $\Delta \lambda \approx 10^{-2} \sim 10^{-4}$ nm;即使是单色性很好的激光,也有一定的波长范围,例如 $\Delta \lambda \approx 10^{-9}$ nm。

利用光谱仪可以把光源所发出的光中波长不同的成分彼此分开,所有的波长成分就组成了所谓**光谱**。光谱中每一波长成分所对应的亮线或暗线,称为光谱线,它们都有一定的宽度,如图 12-3 所示。每种光源都有自己特定的光谱结构,利用它们可以对化学元素进行分析,或对原子和分子的内部结构进行研究。

H

Na

Ne

Hg

H₂

太阳光谱

图 12-3 各种原子及太阳光谱

3. 光强

可见光是能激起人视觉的电磁波,是变化电磁场在空间的传播。实验表明,能引起眼睛视觉效应和照相底片感光作用的是光波中的电场,所以光学中常用电场强度 E 代表光振动,并把矢量 E 称为光矢量。光振动指的是电场强度随时间周期性的变化。

人眼或感光仪器所检测到的光的强弱是由平均能流密度决定的,平均能流密度正比于电场强度振幅 E_0 的平方,所以光的强度(即平均能流密度)

$$I \propto E_0^2$$

通常人们关心的是光强度的相对分布,故在传播光空间内任一点光的强度,可用该点光矢量振幅的平方表示,即

$$I = E_0^2 \tag{12-1}$$

12.1.2 光的相干性

波动具有叠加性,两个相干波源发出的两列相干波,在相遇的区间将产生干涉现象,如机械波、无线电波的干涉现象。对于两列光波,在它们的相遇区域内满足什么条件才能观察到干涉现象呢?

设两个频率相同、光矢量 E 方向相同的光源所发出的光振幅和光强分别为 E_{10}、E_{20} 和 I_1、I_2,它们在空间某处(P 点)相遇,根据振动的合成法则,P 点合成光矢量的振幅 E、光强 I 可分别表示为

$$E^2 = E_{10}^2 + E_{20}^2 + 2E_{10}E_{20}\cos\Delta\varphi \tag{12-2}$$

$$I = I_1 + I_2 + 2\sqrt{I_1 I_2}\cos\Delta\varphi \tag{12-3}$$

式中：$\Delta\varphi = \varphi_2 - \varphi_1$，为两光振动在 P 点的相位差。由于分子或原子每次发光持续的时间极短（约为 10^{-8} s），人眼和感光仪器还不可能在这极短的时间内对两波列之间的干涉做出响应，因此实际所观察到的光强是在较长时间 τ 内的平均值

$$I = \frac{1}{\tau}\int_0^\tau (I_1 + I_2 + 2\sqrt{I_1 I_2}\cos\Delta\varphi)\,dt = I_1 + I_2 + 2\sqrt{I_1 I_2}\,\frac{1}{\tau}\int_0^\tau \cos\Delta\varphi\,dt \qquad (12\text{-}4)$$

对于上式分两种情况讨论：

（1）非相干叠加。

由于分子或原子发光的间歇性和随机性，τ 时间内在叠加处随着光波列的大量更替，来自两个独立光源的两束光，或同一光源的不同部位所发出的光的相位差 $\Delta\varphi$ 瞬息万变，它可以取 0 到 2π 之间的一切数值，且机会均等，因而 $\cos\Delta\varphi$ 对时间的平均值为零，故

$$I = I_1 + I_2 \qquad (12\text{-}5)$$

式（12-5）表明来自两个独立光源的两束光或同一束光源不同部位所发出的光，叠加后的光强等于两束单独照射时的光强 I_1 和 I_2 之和，故观察不到干涉现象。

（2）相干叠加。

如果利用某些方法使得两束相干光在光场中各指定点的相位差 $\Delta\varphi$ 各有恒定值，则在相遇空间 P 点处合成后的光强为

$$I = I_1 + I_2 + 2\sqrt{I_1 I_2}\cos\Delta\varphi \qquad (12\text{-}6)$$

因相位差 $\Delta\varphi$ 恒定，所以 P 点的光强始终不变。对于两波相遇区域的不同位置，其光强的大小将由这些位置的相位差决定，即空间各处光强分布将由干涉项 $2\sqrt{I_1 I_2}\cos\Delta\varphi$ 决定，将会出现有些地方始终加强（$I > I_1 + I_2$），有些地方始终减弱（$I < I_1 + I_2$）。若 $I_1 = I_2 = I_0$，则合成后的光强为

$$I = 2I_0(1 + \cos\Delta\varphi) = 4I_0\cos^2\frac{\Delta\varphi}{2} \qquad (12\text{-}7)$$

当 $\Delta\varphi = \pm 2k\pi$ 时，光强最大（$I = 4I_0$），称为**干涉相长**，即亮纹中心；当 $\Delta\varphi = \pm(2k+1)\pi$ 时，光强最小（$I = 0$），称为**干涉相消**。光强 I 随相位差 $\Delta\varphi$ 变化情况如图 12-4 所示。

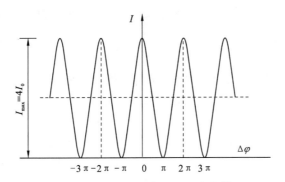

图 12-4 光强 I 随相位差 $\Delta\varphi$ 变化情况

综上所述，只有两束相干光叠加才能观察到光的干涉现象。怎样才能获得两束相干光呢？原则上可以将光源上同一发光点发出的光波分成两束，使之经历不同的路径再会合叠

加。由于这两束光是出自同一发光原子或分子的同一次发光，所以它们的频率和初相位必然完全相同，在相遇点两光束的相位差是恒定的，从而产生了干涉现象。

§12.2 分波阵面干涉

12.2.1 杨氏双缝干涉

1801 年，托马斯·杨(T. Young)首先用实验获得了两列相干的光波，观察到了光的干涉现象，实验装置原理如图 12-5 所示，在普通单色光源(如钠光灯)前面，先放置一个开有小孔 S 的屏，再放置一个开有两个相距很近的小孔 S_1 和 S_2 的屏，就可以在较远的接收屏上观测到干涉图样。

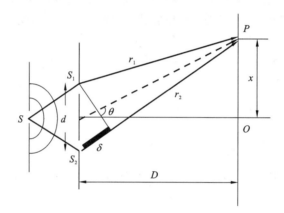

图 12-5 杨氏双缝干涉原理图

根据惠更斯原理，小孔 S 可看作是发射球面波的点光源。如果 S_1、S_2 处于该球面波的同一波阵面上，则它们的相位一直相同。显然，S_1、S_2 是满足相干条件的两个点光源，由它们发出的子波将在相遇区域发生干涉，称为**分波阵面干涉**。为了提高干涉条纹的亮度，可改用狭缝代替小孔 S 及 S_1、S_2，从而形成双缝干涉。当激光问世以后，利用其相干性好和亮度高的特性，直接用激光照射双孔，便可在屏幕上获得清晰明亮的干涉条纹。

如图 12-5 所示，S_1 与 S_2 之间的距离为 d，其中点到屏幕的垂直距离为 D。在屏上任取一点 P，设 P 点离 O 点距离为 x，P 点到 S_1、S_2 的距离分别为 r_1、r_2，P 点与两光源 S_1、S_2 的夹角为 θ。一般 $D \gg d$，因此 θ 很小，所以从 S_1，S_2 发出的光到达 P 点的波程差为

$$\delta = r_2 - r_1 \approx d \sin \theta \approx d \tan \theta = d \frac{x}{D} \tag{12-8}$$

由两列波干涉加强或干涉减弱的条件，有

$$\delta = \pm k\lambda \, (k=0,\ 1,\ 2,\ \cdots) \qquad \text{干涉加强}$$
$$\delta = \pm(2k-1)\frac{\lambda}{2} \, (k=1,\ 2,\ \cdots) \qquad \text{干涉减弱} \tag{12-9}$$

即 P 点到双缝的波程差为波长的整数倍时，P 点处将出现明条纹。其中 k 称为干涉级，

$k=0$ 的明条纹称为**零级明纹**或**中央级明纹**，$k=1$，2，$\cdots$对应的明条纹分别称第一级明纹、第二级明纹……若 P 点到双缝的波程差为半波长的奇数倍时，P 点处出现暗条纹，$k=1$，2，$\cdots$称为第一级暗纹、第二级暗纹……波程差为其他值的各点，光强介于明与暗之间，从而可在屏上看到明暗相间的稳定的干涉条纹(图 12-6)。

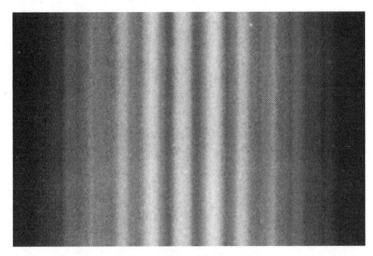

图 12-6　杨氏双缝干涉条纹

将式(12-9)代入式(12-8)，可得明条纹中心在屏上的位置为

$$x=\pm k\frac{D}{d}\lambda\;(k=0,\;1,\;2,\;\cdots)\tag{12-10}$$

暗纹中心的位置为

$$x=\pm(2k-1)\frac{D}{d}\frac{\lambda}{2}(k=1,\;2,\;\cdots)\tag{12-11}$$

相邻明纹或暗纹间的距离(即条纹间距)均为

$$\Delta x=x_{k+1}-x_{k}=\frac{D}{d}\lambda\tag{12-12}$$

双缝干涉条纹有如下特点：

(1)屏上明暗条纹对称分布于屏幕中心 O 点两侧，明暗条纹交替排列。

(2)相邻明纹和相邻暗纹的间距相等，与干涉级 k 无关，条纹间距 Δx 的大小与入射光波长 λ 及缝屏间距 D 成正比，与双缝间距 d 成反比。

(3)当 D、d 一定时，对于不同的单色光，入射光波长愈小，条纹愈密；波长愈大，条纹愈稀。

(4)如果用白光照射，则屏幕上除了中央明纹因各单色光重合而显示白色外，其他各级条纹由于各单色光出现明纹的位置不同而形成彩色条纹。

(5)可由 Δx 的精确测量而推算出单色光的波长 λ。

12.2.2 其他分波阵面干涉装置

1. 菲涅耳双面镜

杨氏实验装置中的小孔或狭缝都很小,它们的边缘效应往往会对实验产生影响而使问题复杂化。后来,菲涅耳提出一种可使问题简化的获得相干光束的方法。如图 12-7 所示,一对紧靠在一起的夹角很小的平面镜 M_1 和 M_2 构成菲涅耳双面镜。狭缝光源 S 与两镜面的交棱平行,于是从光源 S 发出的光,经 M_1 和 M_2 反射后成为两束相干光波,在它们重叠区域内的屏幕上就会出现等距的平行干涉条纹。设 S_1 和 S_2 为 S 对 M_1 和 M_2 所成的两个虚像,则屏幕上的干涉条纹就如同由这两个相干虚光源 S_1 和 S_2 发出的光波所产生,因此可利用杨氏双缝干涉的结果计算这里的明暗纹位置及条纹间距。

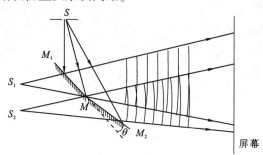

图 12-7 菲涅耳双面镜原理图

2. 洛埃镜

洛埃镜的原理如图 12-8 所示,它是一个平面镜。从狭缝 S 发出的光,一部分直接射向光屏,另一部分以近似 $90°$ 的入射角掠射到镜面 M 上,然后反射到屏幕上,S' 是 S 在镜中的虚像,反射光可看成是虚光源 S' 发出的,它和 S 构成一对相干光源,于是在光屏上的叠加区域内出现明暗相间的等间距干涉条纹。

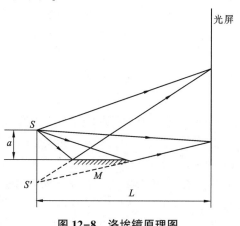

图 12-8 洛埃镜原理图

当由 S 直接射到屏上的光和经镜面反射后的光的光程差相同时,两光的相位是相反的。这是因为光从空气掠射到玻璃而发生反射时,反射光有相位 π 的突变,即光从光疏介质(折射率较小的介质)掠射向光密介质(折射率较大的介质)界面而反射时,发生了**半波损失**,从而引起了相位突变。

例 12-1　用单色光照射相距 0.4 mm 的双缝，缝屏间距为 1 m。

(1)从第 1 级明纹到同侧第 5 级明纹的间距为 6 mm，求此单色光的波长；

(2)若入射的单色光是波长为 400 nm 的紫光，求相邻两明纹的间距；

(3)上述两种波长的光同时照射时，求两种波长的明条纹第 1 次重合在屏幕上的位置，以及这两种波长的光从双缝到该位置的波程差。

解　(1)由双缝干涉明纹条件 $x = \pm k \dfrac{D}{d} \lambda$，可得

$$\Delta x_{1\text{-}5} = x_5 - x_1 = \frac{D}{d}(k_5 - k_1)\lambda$$

可得该单色波波长为

$$\lambda = \frac{d}{D} \frac{\Delta x_{1\text{-}5}}{k_5 - k_1} = \frac{4 \times 10^{-4} \times 6 \times 10^{-3}}{1 \times (5-1)} = 6.0 \times 10^{-7} (\text{m})\,(\text{光为橙色})$$

(2)当 $\lambda = 400$ nm 时，相邻两明纹间距为

$$\Delta x = \frac{D}{d}\lambda = \frac{1 \times 4 \times 10^{-7}}{4 \times 10^{-4}} = 1.0 \times 10^{-3}(\text{m})$$

(3)设两种波长光的明条纹重合处离中央明纹的距离为 x，则有

$$x = k_1 \frac{D}{d}\lambda_1 = k_2 \frac{D}{d}\lambda_2$$

从而有

$$\frac{k_1}{k_2} = \frac{\lambda_1}{\lambda_2} = \frac{400}{600} = \frac{2}{3}$$

即波长为 400 nm 紫光的第 3 级明纹与波长为 600 nm 橙光的第 2 级明条纹第一次重合，重合位置为

$$x = k_1 \frac{D}{d}\lambda_1 = \frac{2 \times 1 \times 6 \times 10^{-7}}{4 \times 10^{-4}} = 3 \times 10^{-3}(\text{m})$$

双缝到重合处的波程差为

$$\delta = k_1 \lambda_1 = k_2 \lambda_2 = 1.2 \times 10^{-6}(\text{m})$$

12.2.3　光程与光程差

干涉现象的产生，决定于两束相干光波的相位差。当两相干光都在同一均匀媒质中传播时，它们在相遇处叠加时的相位差，仅决定于两光之间的几何路程之差。但是当两束相干光通过不同媒质时(例如光从空气透入薄膜)，这时两相干光的相位差就不能单纯由它们的几何路程之差来决定。为此，需要介绍光程与光程差的概念。

单色光的频率不论在何种媒质中传播都恒定不变，始终等于光源的频率。但当光在不同的媒质中传播时，即使传播的几何路程相同，相位的变化是不同的。假设同相位的相干光源 S_1 和 S_2 距离空间某点 P 的位置分别为 r_1 和 r_2，则两光束到达 P 点的相位变化之差为

$$\Delta \varphi = 2\pi \frac{r_1}{\lambda_{n1}} - 2\pi \frac{r_2}{\lambda_{n2}} = \frac{2\pi}{\lambda}(n_1 r_1 - n_2 r_2) \qquad (12\text{-}13)$$

式中: λ 为光在真空中传播时的波长。

式(12-13)表明,两相干光束通过不同的媒质时,决定其相位变化之差的因素有两个:一是两光经历的几何路程 r_1 和 r_2;二是所经媒质的性质 n_1 和 n_2。**把光在某一媒质中所经过的几何路程 r 和该介质的折射率 n 的乘积 nr 叫作光程**。当光经历几种介质时,其光程为 $\sum n_i r_i$。

在均匀介质中, $nr = (c/u)r = ct$,光程可认为是在相同时间内光在真空中通过的路程。引进光程的概念后,就可将光在媒质中经过的路程折算为光在真空中的路程,这样便可统一用真空中的波长 λ 来比较。若用 $\Delta = n_1 r_1 - n_2 r_2$ 来表示两束光到达 P 点的光程差,则两光束在 P 点的相位差为

$$\Delta\varphi = \frac{2\pi}{\lambda}\Delta \qquad (12\text{-}14)$$

这是考虑光的干涉问题时常用的一个基本关系式。应该注意,引进光程后,不论光在什么介质中传播,式(12-14)中的 λ 均是光在真空中的波长。此外,式(12-14)仅考虑两束光经历不同介质时不同路程引起的相位差,如果两相干光源不是同相位的,则还应加上两相干光源的相位差才是两束光在 P 点的相位差。

这样,对于同相的两相干光源发出的相干光,其干涉条纹的明暗条件便可由两光的光程差 Δ 决定,即

$$\Delta = \pm k\lambda \,(k = 0,\,1,\,2,\,\cdots) \qquad \text{加强(明条纹)}$$
$$\Delta = \pm(2k+1)\frac{\lambda}{2}\,(k = 1,\,2,\,\cdots) \qquad \text{减弱(暗条纹)} \qquad (12\text{-}15)$$

在观察干涉、衍射现象时,经常要用到透镜。不同光线通过透镜可改变传播方向,那么会不会引起附加光程差呢?

我们知道,平行光通过薄透镜后将汇聚在焦平面的焦点 F 上,形成一亮点。这一事实说明,平行光波面上各点(如图12-9中 A、B、C 各点)的相相位同,它们到达焦平面上的汇聚点 F 后相位仍然相同,因而相互加强成亮点。这就是说,从 A、B、C 各点到 F 点的光程都是相等的,即平行光束经过透镜后不会引起附加的光程差。

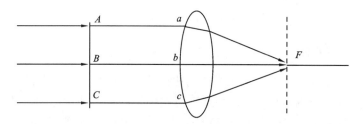

图 12-9 平行光通过透镜后各光线的光程差相等

这一等光程性可做如下解释:虽然光线 AaF 比光线 BbF 经过的几何路程长,但 BbF 在透镜中经过的路程比 AaF 的长,由于透镜的折射率大于空气的折射率,所以折算成光程后,AaF 的光程与 BbF 的光程相等。

§12.3　薄膜干涉

薄膜干涉现象在日常生活和生产中都经常见到(图 12-10)。如马路上的油膜在雨后日光的照射下呈现彩色条纹,高级照相机镜面上呈现的彩色花纹等,都是由于太阳光的薄膜干涉产生的现象。

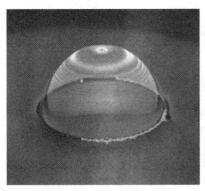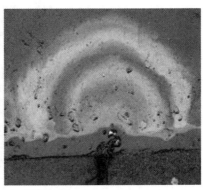

图 12-10　薄膜干涉现象

12.3.1　薄膜干涉的基本公式

先来讨论光线入射在厚度均匀的薄膜上产生的干涉现象。如图 12-11 所示,在折射率为 n_1 的均匀媒质中,有一折射率为 n_2 的平行平面透明介质薄膜(厚度为 e)。设 $n_2 > n_1$,从单色扩展光源(或面光源)S 上的 S_1 发光点发出一条光线 a,以入射角 i 投射到薄膜上的 A 点,此时光线 a 将分成两部分,一部分在 A 点反射,成为反射线 a_1,另一部分则以折射角 r 射入薄膜内,经下表面 C 点反射后到达 B 点,再经过上表面透射回原介质成为光线 a_2。这两条光线因出自光源中同一点 S_1,所以它们是相干光。它们的能量也是从同一条入射光线 a 发出来的。由于波的能量与振幅有关,这种产生相干光的方法又叫**分振幅法**。接下来用光程差的概念来分析薄膜干涉的加强和减弱条件。

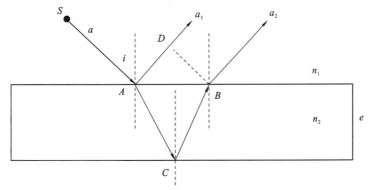

图 12-11　薄膜干涉原理

光线 a 从 A 点开始,分成两路光线 a_1 和 a_2,且从光线 a_1 中的 D 点和光线 a_2 中的 B 点以后两路光是等光程的,所以两路光之间的光程差为

$$\Delta = n_2(AC+CB) - n_1 AD + \frac{\lambda}{2} \tag{12-16}$$

式中:$\lambda/2$ 是两光线在上表面反射时因半波损失而产生的附加光程差。

由图 12-11 可以得到

$$AC = CB = \frac{e}{\cos \gamma} \tag{12-17}$$

$$AD = AB \sin i = 2e \tan \gamma \sin i \tag{12-18}$$

根据折射定律 $n_1 \sin i = n_2 \sin \gamma$,可得

$$\Delta = 2n_2 \frac{e}{\cos \gamma} - 2n_1 e \tan \gamma \sin i + \frac{\lambda}{2} = \frac{2n_2 e}{\cos \gamma}(1 - \sin 2\gamma) + \frac{\lambda}{2}$$

$$= 2n_2 e \cos \gamma + \frac{\lambda}{2} = 2e\sqrt{n_2^2 - n_1^2 \sin^2 i} + \frac{\lambda}{2} \tag{12-19}$$

决定 a_1 和 a_2 两反射光线汇聚点是明还是暗的干涉条件为

$$\Delta = 2e\sqrt{n_2^2 - n_1^2 \sin^2 i} + \frac{\lambda}{2} = \begin{cases} k\lambda \\ (2k+1)\dfrac{\lambda}{2} \end{cases} \tag{12-20}$$

其中,当 $k = 1,2,\cdots$ 时,干涉加强为明条纹;当 $k = 0,1,2,\cdots$ 时,干涉减弱为暗条纹。

同理,在透射光中也有干涉现象,式(12-20)对透射光仍然适用。从光程差 Δ 可见,对于厚度均匀的薄膜来说,光程差随入射光线的倾角 i 而变化。所以,不同的干涉明条纹和暗条纹,相应具有不同的倾角,而同一干涉条纹上的各点都具有相同的倾角。因此,在厚度均匀的薄膜上产生的这种干涉条纹叫作**等倾干涉条纹**。

12.3.2 增透膜与增反膜

利用薄膜干涉可以测定薄膜的厚度或波长,除此之外,还可用于提高光学仪器的透射率或反射能力。一般来说,光射到光学元件表面时,其能量要分成反射与透射两部分,于是透射过来的光能(强度)或反射出的光能都要相对原光能减少。例如,一个由 6 个透镜组成的高级照相机,因光的反射而损失的能量约占一半。因此在现代光学仪器中,为了减少光能在光学元件的玻璃表面上的反射损失,常在镜面上镀一层均匀的氟化镁(MgF_2)等材料的透明薄膜,以增强其透射率,如图 12-12 所示。这种能使透射增强的薄膜叫作**增透膜**。

另一方面,在有些光学系统中,又要求某些光学元件具有较高的反射本领。例如,激光器中的反射镜要求对某种频率的单色光的反射率在 99% 以上,为了增强反射能量,常在玻璃表面镀一层高反射率的透明薄膜,利用薄膜上、下表面反射光的光程差满足干涉相长条件,从而使反射光增强,这种薄膜叫**增反膜**。由于反射光能量约占入射光能量的 5%,为了达到具有高反射率的目的,常在玻璃表面交替镀上折射率高低不同的多层介质膜,一般镀 13 层,有的高达 15 层或 17 层,宇航员头盔和面甲上都镀有对红外线具有高反射率的多层膜,以屏蔽宇宙空间中极强的红外线照射。

图 12-12　照相机镜头的增透膜

例 12-2　在一光学元件的玻璃(折射率 $n_3 = 1.5$)表面上镀一层厚度为 e、折射率为 $n_2 = 1.38$ 的氟化镁薄膜,为了使入射白光中对人眼最敏感的黄绿光($\lambda = 550$ nm)反射最小,试求薄膜的厚度。

解　如图 12-13 所示,由于 $n_1 < n_2 < n_3$(n_1 为空气折射率),氟化镁薄膜的上、下表面反射的两光均有半波损失。设光线垂直入射($i = 0$),则上、下表面反射光的光程差为

$$\Delta = \left(2n_2 e + \frac{\lambda}{2}\right) - \frac{\lambda}{2} = 2n_2 e \tag{12-21}$$

要使黄绿光反射最小,则两反射光需要干涉相消,从而有

$$\Delta = 2n_2 e = (2k+1)\frac{\lambda}{2} \tag{12-22}$$

应控制的薄膜厚度为

$$e = \frac{(2k+1)\lambda}{4n_2} \tag{12-23}$$

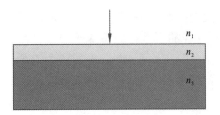

图 12-13　例 12-2 图

其中薄膜的最小厚度($k = 0$)为

$$e_{\min} = \frac{\lambda}{4n_2} = 100 \ (\text{nm})$$

上式表示,氟化镁的厚度为 100 nm 或 $100(2k+1)$ nm 都可使波长为 550 nm 的黄绿光在两界面上的反射光干涉减弱。根据能量守恒定律,反射光减少,透射的黄绿光就增强了。

12.3.3　等厚干涉

牛顿环和劈尖是等厚干涉的典型例子。牛顿环是牛顿在 1675 年制作天文望远镜时,偶然将一个望远镜的物镜放在平板玻璃上发现的。牛顿环属于用分振幅的方法产生的定域干涉现象,亦是典型的等厚干涉条纹。劈尖干涉亦如此,利用此法制成的干涉膨胀计,可以检测物体的膨胀系数。

1. 劈尖干涉

两块平面玻璃片,将它们的一端互相叠合,另一端垫入一薄纸片或一细丝,如图 12-14 所示,则在两玻璃片间就形成一端薄、另一端厚的空气薄层,这是一个劈尖形的空气膜,叫作空气劈尖。空气膜的两个表面即两块玻璃片的内表面。两玻璃片的叠合端的交线称为棱边,其夹角 θ 称劈尖楔角。在平行于棱边的直线上各点,空气膜的厚度 e 是相等的。

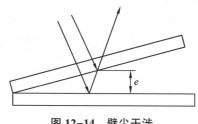

图 12-14　劈尖干涉

当平行单色光垂直照射玻璃片时,就可在劈尖表面观察到明暗相间的干涉条纹。这是由空气膜的上、下表面反射出来的两列光波叠加干涉形成的。

考虑如图 12-14 所示的劈尖上厚度为 e 处,由上、下表面反射的两相干光的光程差为 $\Delta = 2e + \dfrac{\lambda}{2}$,其中半波长为光在空气膜的下表面反射时的半波损失。于是两表面反射光的光程差为 $k\lambda$ 时干涉加强为亮条纹,光程差为 $(2k+1)\dfrac{\lambda}{2}$ 时干涉减弱为暗条纹。由此可见,凡劈尖上厚度相同的地方,两反射光的光程差都相等,都与一定的明纹或暗纹的 k 值相对应。因此这些条纹叫作**等厚干涉条纹**,这样的干涉称为**等厚干涉**。

如果玻璃片的表面是严格的几何平面,即劈尖的表面为严格的平面,则干涉条纹是平行于棱边的一系列明暗相间的条纹[图 12-15(a)]。如果玻璃片的表面不平整,则干涉条纹将在凹凸不平处发生弯曲[图 12-15(b)],由此我们可以检验玻璃是否磨得很平。此外,在两玻璃片的接触处,两反射光的光程差为半个波长,因此棱边处应为暗条纹。

此外,在劈尖干涉的直条纹中,任何两条相邻明纹或暗纹之间的距离都是相同的,即条纹间距相等。对于一定波长的单色光入射,劈尖的干涉条纹间隔仅与楔角 θ 有关。θ 越小,则干涉条纹间距越大,干涉条纹越稀疏;θ 越大,则干涉条纹间距越小,干涉条纹越密集。因此,只能在 θ 很小的劈尖上方观察到清晰的干涉条纹,否则,干涉条纹将密得无法分辨。

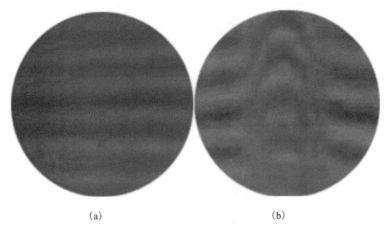

（a）　　　　　　　　（b）

图 12-15　劈尖干涉条纹

2. 牛顿环

将一曲率半径相当大的平凸透镜叠放在一平板玻璃上，如图 12-16(a)所示，则在透镜与平板玻璃之间形成一个上表面为球面、下表面为平面的空气薄层。当单色平行光垂直照射时，由于空气包层上、下表面两反射光发生干涉，在空气薄层的上表面可以观察到以接触点 O 为中心的明暗相间的环形干涉条纹，如图 12-16(b)所示。若用白光照射，则条纹呈彩色。这些圆环状干涉条纹叫作牛顿环，它是等厚干涉的又一特例。

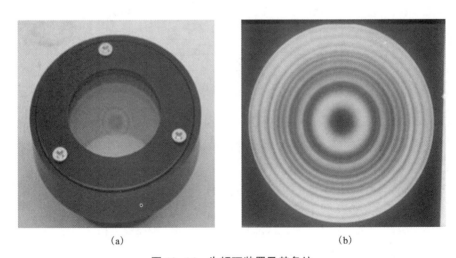

（a）　　　　　　　　（b）

图 12-16　牛顿环装置及其条纹

接下来研究各明、暗环的半径 r、波长 λ 及透镜的曲率半径 R 三者之间的关系（图 12-7）。在空气薄层的任一厚度 e 处，上、下表面反射光的相干条件为光程差

$$\Delta = 2e + \frac{\lambda}{2} = \begin{cases} k\lambda \ (k=1,\ 2,\ \cdots\cdots) & \text{明条纹} \\ (2k+1)\dfrac{\lambda}{2}\ (k=0,\ 1,\ 2,\ \cdots\cdots) & \text{暗条纹} \end{cases} \tag{12-24}$$

由图 12-17 可得

$$r^2 = R^2 - (R-e)^2 = 2eR - e^2 \tag{12-25}$$

因 $R \gg e$，可略去 e^2 项，于是有

$$e = \frac{r^2}{2R} \tag{12-26}$$

代入式（12-24），可得干涉明、暗环对应的半径分别为

$$r = \sqrt{\frac{(2k-1)R\lambda}{2}} \ (k=1,\ 2,\ \cdots\cdots) \quad \text{明环}$$

$$r = \sqrt{kR\lambda} \ (k=0,\ 1,\ 2,\ \cdots\cdots) \quad \text{暗环} \tag{12-27}$$

式（12-7）表明，k 值越大，环的半径 r 越大，但相邻明环（或暗环）的半径之差越小，即随着牛顿环半径的增大，条纹变得愈来愈密。

在透镜与平板玻璃的接触点 O 处，因厚度 $e=0$，两反射光的光程差为 $\lambda/2$，故牛顿环的中心是一个暗斑（因实际接触处由于受到压力，不可能是点而是圆面）。

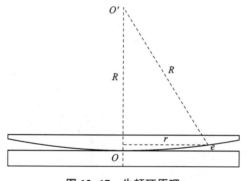

图 12-17　牛顿环原理

例 12-3　由两玻璃构成一空气劈尖，其夹角为 $\theta = 5.0 \times 10^{-5}$ rad，用波长 $\lambda = 500$ nm 的平行单色光垂直照射，在空气劈尖的上方将观察到等厚条纹。若将下面的玻璃片向下平移，看到有 15 条条纹移过，求玻璃片下移的距离。

解　劈尖下面的玻璃片向下平移，但劈尖角保持不变，形成在劈尖表面上的等厚干涉条纹整个向棱边方向移动（条纹间距不变）。

设原来第 k 级明纹处劈尖的厚度为 e_1，光垂直入射时，劈尖干涉明纹条件（有半波损失）为

$$2e_1 + \frac{\lambda}{2} = k\lambda \tag{12-28}$$

下面的玻璃片下移后，原来的第 k 级明纹处变成第 $(k+15)$ 级明纹处，该处的厚度从 e_1 变成 e_2，由干涉条件有

$$2e_2 + \frac{\lambda}{2} = (k+15)\lambda \tag{12-29}$$

两式相减,得到玻璃片下移的距离为

$$e_2 - e_1 = \frac{15\lambda}{2} = 3.75 \ (\mu m)$$

例 12-4 在牛顿环实验中,透镜的曲率半径为 5.0 m,直径为 2.0 cm。(1)用波长 $\lambda = 589.3$ nm 的单色光垂直照射时,可看到多少干涉条纹?(2)若在空气层中充以折射率为 n 的液体,可看到 46 条明条纹,求液体的折射率(玻璃的折射率为 1.50)。

解 (1)由牛顿环明环半径公式 $r = \sqrt{\frac{(2k-1)}{2}R\lambda}$,可得条纹次级越高,条纹半径越大。由该公式得

$$k = \frac{r^2}{R\lambda} + \frac{1}{2} = \frac{(1.0 \times 10^{-2})^2}{5 \times 5.893 \times 10^{-7}} + \frac{1}{2} = 34.4$$

即可看到 34 条明条纹。

(2)若在空气层中充以液体,则明环半径为

$$r = \sqrt{\frac{(2k-1)}{2n}R\lambda} \tag{12-30}$$

从而可得折射率

$$n = \frac{(2k-1)R\lambda}{2r^2} = \frac{(2 \times 46 - 1) \times 5 \times 5.893 \times 10^{-7}}{2 \times (1.0 \times 10^{-2})^2} = 1.33$$

§12.4 迈克尔逊干涉仪

迈克尔逊干涉仪是迈克尔逊在 18 世纪后期发明的,它是利用分振幅法产生双光束以实现干涉的一种仪器。迈克尔逊与其合作者曾用此仪器进行了三项著名的实验,即测光速实验、标定米尺及推断光谱线精细结构。迈克尔逊运用它进行了大量反复的实验,动摇了经典物理的以太说,为相对论的提出奠定了实验基础。

迈克尔逊干涉仪设计精巧,用途广泛,其结构如图 12-18 所示,不少其他干涉仪均由此派生,所以说迈克尔逊干涉仪是许多近代干涉仪的原型。迈克尔逊也因发明干涉仪和测量光速而获得 1907 年诺贝尔物理学奖。直至现在,迈克尔逊干涉仪仍被广泛地应用于长精密计量和光学平面的质量检验(可精确到 1/10 波长左右)及高分辨率的光谱分析中。

迈克尔逊干涉仪的光路如图 12-19 所示。它主要由精密的机械传动系统和四片精细磨制的光学镜片组成。G_1 和 G_2 是两块几何形状、物理性能相同的平行平面玻璃。其中 G_1 的第二面镀有半透明铬膜,称为**分光板**,它可使入射光分成振幅(或光强度)近似相等的一束透射光和一束反射光。M_1 和 M_2 是两块表面镀铬加氧化硅保护膜的反射镜。G_2 的作用是保证光束 a 和 b 在玻璃中的光程完全相同,这样可以避免两束光因在玻璃中经过的路程不等而引起较大的光程差,因此,G_2 又称为**补偿板**。

光源上一点 S 发出的一束光经分光板 G_1 被分为光束 1 和光束 2。这两束光分别射向相互垂直的全反射镜 M_1 和 M_2,经 M_1 和 M_2 反射后又汇于分光板 G_1,这两束光再次被 G_1 分束,它们各有一束光按原路返回光源(设两光束分别垂直于 M_1、M_2),同时各有另一束光朝 F 的方向射出。由于光束 1 和光束 2 为两相干光束,因此可在 F 的方向上观察到干涉条纹(图 12-20)。

图 12-18 迈克尔逊干涉仪

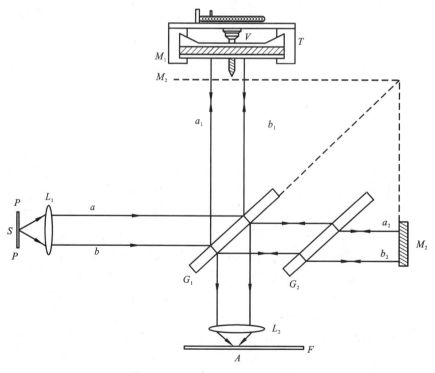

图 12-19 迈克尔逊干涉仪光路图

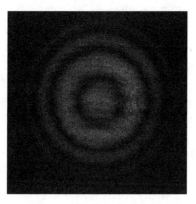

图 12-20 迈克尔逊干涉条纹

设想薄银层所形成的 M_2 的虚像是 M_2'，所以从 M_2 处反射的光可以看成是从虚像 M_2'发出的，于是在 M_2' 和 M_1 之间就构成一个空气薄膜，从薄膜的两个表面 M_1 和 M_2' 反射的光束 1 和光束 2 的干涉，就可当作薄膜干涉来处理。如果 M_1 和 M_2 不是严格相互垂直，则 M_2' 与 M_1 之间空气膜就是劈尖状，形成的干涉条纹将近似为平行的等厚条纹(若 M_1 和 M_2 严格相互垂直，则干涉条纹为一系列同心圆环状的等倾条纹)。

根据劈尖干涉的理论，当调节 M_1 向前或向后平移 $\lambda/2$ 距离时(即"空气膜"的厚度变化 $\lambda/2$)，就可观察到干涉条纹平移一条。因此，通过数在视场中移动的条纹数目 ΔN，便可知 M_1 移动的距离为

$$\Delta d = \Delta N \frac{\lambda}{2} \tag{12-31}$$

这表明，根据条纹的移动数 ΔN 和单色光波长 λ，便可算出 M_1 移动的距离，可用来测量微小长度的变化，其精确度为 $\lambda/200 \sim \lambda/2$，比一般方法的精密度高得多。此外，也可由 M_1 移动的距离来测定光波的波长。

例 12-5 在迈克尔逊干涉仪的两臂中，分别放入长 10 cm 的玻璃管，一个抽成真空，另一个充以一个大气压的空气。设所用光波波长为 546 nm，在向真空玻璃管中逐渐充入一个大气压空气的过程中，观察到有 107.2 条条纹移动。试求空气的折射率 n。

解 设玻璃管 A 和 B 的管长为 l，当 A 管内为真空、B 管内充入空气时，两臂之间的光程差的变化为

$$2(n-1)l = 107.2\lambda \tag{12-32}$$

因此，空气的折射率为

$$n = 1 + \frac{107.2\lambda}{2l} = 1.000293$$

 本章小结

(1)光的强度：$I \propto E_0^2$。

(2)非相干叠加：$I = I_1 + I_2$。

(3)相干叠加：$I = I_1 + I_2 + 2\sqrt{I_1 I_2}\cos\Delta\varphi$。

(4)若 $I_1 = I_2 = I_0$，则 $I = 4I_0\cos^2\dfrac{\Delta\varphi}{2}$。

当 $\Delta\varphi = \pm 2k\pi$ 时，光强最大($I = 4I_0$)，称为干涉相长；当 $\Delta\varphi = \pm(2k+1)\pi$ 时，光强最小($I = 0$)，称为干涉相消。

(5)杨氏双缝干涉：$\delta = r_2 - r_1 = d\dfrac{x}{D}$。明条纹中心在屏上的位置为 $x = \pm k\dfrac{D}{d}\lambda$($k = 0, 1, 2, \cdots\cdots$)；暗条纹中心在屏上的位置为 $x = \pm(2k-1)\dfrac{D}{d}\dfrac{\lambda}{2}$($k = 1, 2, \cdots\cdots$)。

(6)光程与光程差：光在某一媒质中所经过的几何路程 r 和该介质的折射率 n 的乘积 nr 叫作光程。$\Delta = n_1 r_1 - n_2 r_2$，表示两束光的光程差。

$\Delta = \pm k\lambda$($k = 0, 1, 2, \cdots\cdots$)，明条纹。

$\Delta = \pm(2k+1)\dfrac{\lambda}{2}$($k = 1, 2, \cdots\cdots$)，暗条纹。

(7)薄膜干涉：$\Delta = 2e\sqrt{n_2^2 - n_1^2}\sin^2 i + \dfrac{\lambda}{2} = \begin{cases} k\lambda \\ (2k+1)\dfrac{\lambda}{2} \end{cases}$。

(8)牛顿环：干涉明、暗环的半径分别为 $r = \sqrt{\dfrac{(2k-1)R\lambda}{2}}$($k = 1, 2, \cdots\cdots$)，明环；$r = \sqrt{kR\lambda}$($k = 0, 1, 2, \cdots\cdots$)，暗环。

(9)迈克尔逊干涉仪：$\Delta d = \Delta N\dfrac{\lambda}{2}$根据条纹的移动数和单色光波长，可用来测量微小长度的变化。

 练习题

▷ **基础练习**

1. 光的相干条件为：_____、_____和_____。

2. 光在媒介中通过一段几何路程相应的光程等于_____和_____的乘积。

3. 振幅分别为 A_1 和 A_2 的两相干光同时传播到 P 点，两振动的相位差为 $\Delta\Phi$。则 P 点的光强 $I = $_____。

4. 强度分别为 I_1 和 I_2 的两相干光波叠加后的最大光强 $I_{max} = $_____。

5. 强度分别为 I_1 和 I_2 的两相干光波叠加后的最小光强 $I_{min} = $_____。

6. 在杨氏双缝干涉实验中，缝距为 d，缝屏距为 D，屏上干涉条纹的间距为 Δy。现将缝距减小一半，则干涉条纹的间距为_____。

7. 如图 12-21 所示为光由玻璃射入空气中的光路图，直线 AB 与 CD 垂直，其中一条是法线。入射光线与 CD 的夹角为 α，折射光线与 CD 的夹角为 β，$\alpha < (\alpha+\beta)$，则该玻璃的折射率 n 等于( )。

A. $\dfrac{\sin\alpha}{\sin\beta}$ B. $\dfrac{\sin\beta}{\sin\alpha}$ C. $\dfrac{\cos\alpha}{\cos\beta}$ D. $\dfrac{\cos\beta}{\cos\alpha}$

8. 如图 12-22 所示，在折射率大于玻璃折射率的透明液体中，水平放置着一个长方体玻璃砖。在竖直平面内有两束光，相互平行且相距为 d，斜射到长方体的上表面上，折射后直接射到下表面，然后射出。已知图中 a 为红光、b 为紫光，则（   ）。

A. 两出射光仍平行，距离大于 d

B. 两出射光仍平行，距离等于 d

C. 两出射光仍平行，距离小于 d

D. 两出射光将不再平行

9. 如图 12-23 所示是用光学的方法来检查一物体表面光滑程度的装置，其中 A 为标准平板，B 为被检查其表面光滑程度的物体，C 为单色入射光，如果要说明能检查平面光滑程度的道理，则需要用到下列哪些光学概念（   ）。

A. 反射和干涉   B. 全反射和干涉   C. 反射和衍射   D. 全反射和衍射

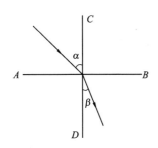

图 12-21   基础练习第 7 题图

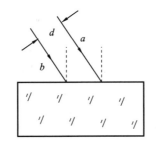

图 12-22   基础练习第 8 题图

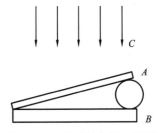

图 12-23   基础练习第 9 题图

10. 2008 年奥运会上，光纤通信网覆盖了所有的奥运场馆，为各项比赛提供安全、可靠的通信服务，光纤通信是利用光的全反射将大量信息高速传输。若采用的光导纤维是由内芯和包层两层介质组成，下列说法正确的是（   ）。

A. 内芯和包层折射率相同，折射率都大

B. 内芯和包层折射率相同，折射率都小

C. 内芯和包层折射率不同，包层折射率较大

D. 内芯和包层折射率不同，包层折射率较小

11. 某种色光，在真空中的频率为 ν，波长为 λ，光速为 c，射入折射率为 n 的介质中时，下列关系中正确的是（   ）。

A. 速度是 c，频率为 ν，波长为 λ

B. 速度是 c/n，频率为 ν/n，波长为 λ/n

C. 速度是 c/n，频率为 ν，波长为 λ/n

D. 速度是 c/n，频率为 ν，波长为 λ

综合进阶

1. 单色光源发出的光经一狭缝照射到光屏上，则可观察到如图 12-24 所示的图像是(　　)。

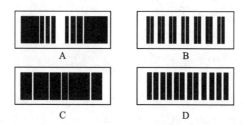

图 12-24　综合进阶第 1 题图

2. 将杨氏双缝干涉实验装置放入折射率为 n 的介质中，其条纹间隔是空气中的(　　)。

A. $\sqrt{\dfrac{1}{n}}$ 倍　　　　　　B. $\sqrt{n}$ 倍　　　　　　C. $\dfrac{1}{n}$ 倍　　　　　　D. n 倍

3. 以波长为 650 nm 的红光做双缝干涉实验，已知狭缝相距 $1.0×10^{-4}$ m，从屏幕上测量到相邻两条纹的间距为 1 cm，则狭缝到屏幕之间的距离为(　　)米。

A. 2　　　　　　　　B. 1.5　　　　　　　　C. 1.8　　　　　　　　D. 3.2

4. 若用一张薄云母片将杨氏双缝干涉试验装置的上缝盖住，则(　　)。

A. 条纹上移，但干涉条纹间距不变

B. 条纹下移，但干涉条纹间距不变

C. 条纹上移，但干涉条纹间距变小

D. 条纹上移，但干涉条纹间距变大

5. 单色光垂直入射到两平板玻璃板所夹的空气劈尖上，当下面的玻璃板向下移动时，干涉条纹将(　　)。

A. 干涉条纹向棱边移动，间距不变

B. 干涉条纹背离棱编移动，间距不变

C. 干涉条纹向棱边密集

D. 干涉条纹背向棱边稀疏

6. 利用劈尖干涉装置可以检验工件表面的平整度，在钠光垂直照射下，观察到的平行而且等距的干涉条纹，说明工作表面是(　　)。

A. 平整的　　　　　　　　　　　　　B. 有凹下的缺陷

C. 有突起的缺陷　　　　　　　　　　D. 有缺陷但是不能确定凸凹

7. 波长为 600 nm 的红光透射于间距为 0.02 cm 的双缝上，在距离 1 m 处的光屏上形成干涉条纹，则相邻明纹的间距为_____mm。

8. 增透膜是用氟化镁($n=1.38$)镀在玻璃表面形成的，当波长为 λ 的单色光从空气垂直入射到增透膜表面时，膜的最小厚度为_____。

9. 用波长为 600 nm 的光观察迈克尔逊干涉仪的干涉条纹，移动动镜使视场中移过 100 条条纹,则动镜移动的距离为_____。

10. 在迈克尔逊干涉仪的一条光路中,放入一折射率为 n,厚度为 d 的透明介质片,放入后两光路的程差改变_____。

11. 如图 12-25 所示,在杨氏实验装置中,光源波长为 640 nm,两狭缝间距为 0.4 mm,光屏离狭缝的距离为 50 cm。试求:(1)光屏上第 1 条亮条纹和中央亮条纹之间的距离;(2)若 P 点离中央亮条纹为 0.1 mm,则两束光在 P 点的相位差是多少?

12. 在两块玻璃之间一边放一条厚纸,另一边相互压紧。玻璃片 l 长 10 cm,纸厚为 0.05 mm,从 60°的反射角进行观察,问在玻璃片单位长度内看到的干涉条纹数目是多少?(设单色光源波长为 500 nm)。

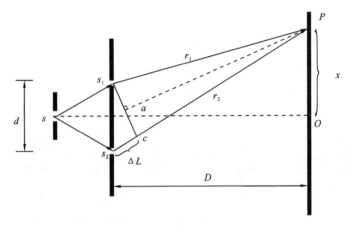

图 12-25　综合进阶第 12 题图

13. 用单色光观察牛顿环,测得某一亮环的直径为 3 mm,在它外边第五个亮环的直径为 4.6 mm,所用平凸透镜的凸面曲率半径为 1.03 m,求此单色光的波长。

练习题参考答案

第13章

光的衍射与光的偏振

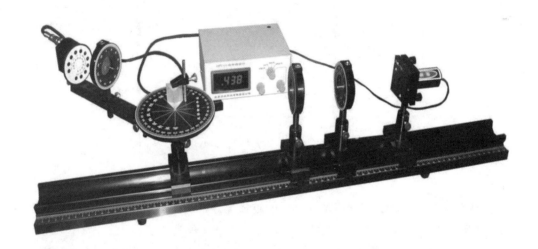

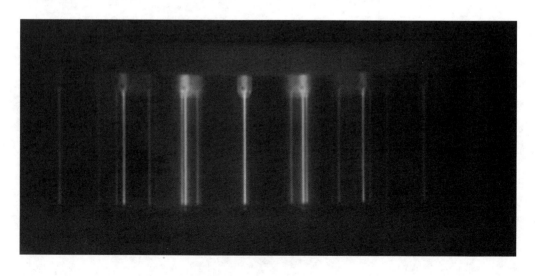

上一章我们讨论了光的干涉,本章将讨论光的衍射和光的偏振。光在传播过程中遇到障碍物时,能绕过障碍物的边缘继续前进,这种偏离直线传播的现象称为**光的衍射现象**。和干涉一样,衍射也是波动的一个重要特征,它为光的波动说提供了有力的证据。激光问世以后,人们利用其衍射现象开辟了许多新的领域。

光的干涉和衍射现象还不能告诉我们光是纵波还是横波。光的偏振现象从实验上清楚地显示出光的横波性,这一点和光的电磁理论的预言完全一致。可以说,光的偏振现象为光的电磁波本性提供了进一步的证据。光的偏振现象在自然界中普遍存在。光的反射、折射以及光在晶体中传播时的双折射都与光的偏振现象有关。利用光的这种性质可以研究晶体的结构,也可用于测定机械结构内部应力分布情况。激光器就是一种偏振光源。

§13.1　光的衍射　惠更斯−菲涅耳原理

13.1.1　光的衍射现象及分类

在机械波一章中我们学到,衍射现象显著与否取决于孔隙(或障碍物)的线度与波长的比值,当孔隙(或障碍物)的线度与波长的数量级差不多时,才能观察到明显的衍射现象。对于光波,由于其波长远小于一般障碍物或孔隙的线度,因此通常不易观察到光的衍射现象。

在实验室中,采用高亮度的激光或普通的强点光源,并使屏幕的距离足够大,则可以将光的衍射现象演示出来。图 13-1 是一个光通过单缝的实验,实验发现,当在单色点光源、可调节狭缝、屏幕三者的位置固定的情况下,屏幕上的光斑宽度决定于缝的宽度。当缝的宽度逐渐缩小时,屏幕上的光斑也随之缩小,这体现了光的直线传播特征。但缝宽度继续减小(小于 10^{-4} m)时,屏幕上的光斑不但不缩小,反而增大,这说明光波已"弯绕"到狭缝的几何阴影区,光斑的亮度也由原来的均匀分布变成一系列的明暗条纹(单色光源)或彩色条纹(白光光源),条纹的边缘也失去了明显的界限,变得模糊不清,如图 13-1(b)所示。

(a)　　　　　　　　　　　　　(b)

图 13-1　光的衍射实验装置及观察到的衍射图样

光的衍射系统由光源、衍射屏和接收屏组成,通常根据三者相对位置的大小,把衍射现象分为两类,如图 13-2 所示。一类是光源和接收屏与衍射屏的距离为有限远时的衍射,称菲涅耳衍射;另一类是光源和接收屏与衍射屏的距离都为无限远时的衍射,即入射到衍射屏和离开衍射屏的光都是平行光的衍射,称为夫琅禾费衍射。

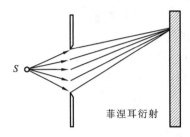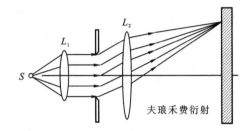

图 13-2 光的衍射分类

13.1.2 惠更斯-菲涅耳原理

惠更斯原理指出:波阵面上的每一点都可看成是发射子波的新波源,任意时刻各子波的包迹即为新的波阵面,如图 13-3 所示。惠更斯原理可以解释光通过衍射屏时为什么传播方向会发生改变,但却不能解释为什么会出现衍射条纹,更不能计算条纹的位置和光强的分布。

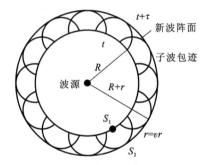

图 13-3 惠更斯原理

菲涅耳用子波相干叠加的概念发展了惠更斯原理,其内容为:从同一波阵面上各点发出的子波,在传播过程中相遇时,也能相互叠加而产生干涉现象,空间各点波的强度,由各子波在该点的相干叠加所决定。后人把这个进一步发展的惠更斯原理称为**惠更斯-菲涅耳原理**。

根据菲涅耳原理,如果已知光波在某时刻的波阵面 S,如图 13-4 所示,则空间任意点 P 的光振动可由波阵面 S 上各面元 $\mathrm{d}S$ 发出的子波在该点叠加后的合振动来表示。每一面元 $\mathrm{d}S$ 发出的子波在 P 点引起的振动的振幅与 $\mathrm{d}S$ 的大小成正比,与 P 点到 $\mathrm{d}S$ 的距离 r 成反比,与 r 和法线 n 之间的夹角 θ 有关。因此,波阵面上所有 $\mathrm{d}S$ 面元发出的子波在 P 点引起的合振动为

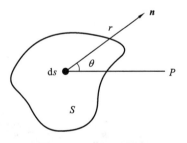

图 13-4 菲涅耳原理

$$E = \int_S \mathrm{d}E = \int C\frac{Q(\theta)}{r}\cos 2\pi\left(\frac{t}{T} - \frac{r}{\lambda}\right)\mathrm{d}S \qquad (13-1)$$

式中:C 为比例系数;$Q(\theta)$ 为倾斜因子,它随 θ 角的增大而缓慢减小,当 $\theta=0$ 时,$Q(\theta)$ 最大,当 $\theta \geqslant 1/2$ 时,$Q(\theta)$ 最小,因而子波叠加后振幅为零,即子波不能向后传播。

式(13-1)是惠更斯-菲涅耳原理的数学表达式。它是研究衍射问题的理论基础,可以解释并定量计算各种衍射场的分布,不过计算相当复杂。

§13.2　夫琅禾费单缝衍射

夫琅禾费单缝衍射的实验原理如图 13-5 所示。在衍射屏上开有一个宽度为 a 的细长狭缝，单色光源 S 发出的光经透镜 L_1 后变为平行光束，射向单缝后产生衍射，再经透镜 L_2 聚焦在平面处的屏幕上，呈现出一系列平行于狭缝的衍射条纹。衍射条纹与双缝干涉条纹如图 13-6 所示。

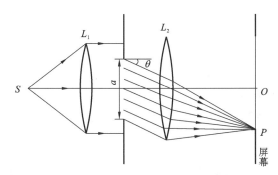

图 13-5　夫琅禾费单缝衍射实验原理图

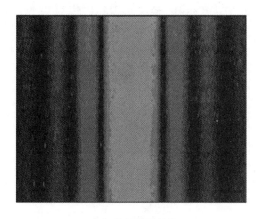

（a）单缝衍射条纹

（b）双缝干涉条纹

图 13-6　单缝衍射条纹与双缝干涉条纹

接下来讨论夫琅禾费单缝衍射产生明暗条纹的条件。如图 13-7 所示，首先，沿入射光方向传播的衍射光线从 AB 面发出时的相位是相同的，经过透镜时不会引起附加光程差，因此它们经透镜汇聚于焦点 P_0 时，相位仍然相同，因此它们在 P_0 处的光振动是相互加强的，于是在 P_0 处出现明纹，即为中央明纹中心。

接下来考虑一束与原入射方向成 θ 角的衍射光线，它们经透镜后汇聚于屏幕上的 P 点，此时经过单缝边缘 A、B 两点的衍射光所产生的最大光程差为 $\delta = BC = a\sin\theta$，衍射角 θ 不同

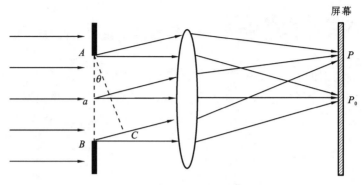

图 13-7 单缝衍射明暗条纹的条件

时，最大光程差 δ 不同，相应 P 点的位置也不同。当最大光程差为半波长的偶数倍时，P 点对应的是暗条纹；当最大光程差为半波长的奇数倍时，P 点对应的是明条纹。综合以上分析，单缝衍射明暗条纹的形成条件为

$$\delta = a\sin\theta = \begin{cases} 0 & \text{中央明条纹} \\ \pm 2k\dfrac{\lambda}{2}(k=1,\ 2,\ 3,\cdots\cdots) & \text{暗条纹} \\ \pm(2k+1)\dfrac{\lambda}{2}(k=1,\ 2,\ 3,\cdots\cdots) & \text{明条纹} \end{cases} \tag{13-2}$$

对于任意衍射角 θ 来说，BC 不一定等于半波长的整数倍，这些衍射角的衍射光束经透镜汇聚后，在屏幕上的光强介于最明与最暗之间。因而在单缝衍射条纹中，强度的分布并不是均匀的。如图 13-8 所示，中央明纹最亮，条纹也最宽，它等于两个第 1 级暗条纹中心的间距，在 $a\sin\theta_0 = -\lambda$ 和 $a\sin\theta_0 = \lambda$ 之间。当 θ_0 很小时，可以角宽度来表示中央明纹的大小，即

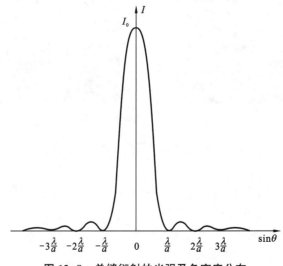

图 13-8 单缝衍射的光强及角宽度分布

$$2\theta_0 \approx 2\sin\theta_0 = 2\frac{\lambda}{a} \tag{13-3}$$

以 f 表示透镜的焦距,则在屏幕上观察到的中央明纹的线宽度为

$$\Delta x_0 = 2f\tan\theta_0 = 2\frac{\lambda}{a}f \tag{13-4}$$

其余明条纹对应的角宽度及线宽度近似为

$$\Delta\theta = \frac{\lambda}{a} \tag{13-5}$$

$$\Delta x = \frac{\lambda}{a}f \tag{13-6}$$

单缝衍射图样的光强分布规律为

$$I = I_0\frac{\sin^2 h}{h} \tag{13-7}$$

其中

$$h = \frac{\pi a\sin\theta}{\lambda} \tag{13-8}$$

式中:a 为单缝宽度;θ 为衍射角;λ 为单色光的波长。当 $\theta = 0$ 时,$h = 0$,$I = I_0$,即为中央明条纹亮度;当 $a\sin\theta = k\lambda$ 时,$I = 0$ 为暗条纹。各级明条纹的亮度随着级数的增大而迅速减小,相应明条纹的光强最大值称为次级大,其相对光强分别为

$$\frac{I}{I_0} = 0.047,\ 0.017,\ 0.008,\ \cdots\cdots \tag{13-9}$$

此外,当缝宽 a 一定时,对于同一级衍射条纹,波长 λ 愈大,则衍射角 θ 愈大。因此当白光入射时,除中央明纹的中部仍是白色外,其两侧将出现一系列由紫到红的彩色条纹,称为衍射光谱。

例 13-1　波长 $\lambda = 500$ nm 的单色光垂直入射到缝宽 $a = 0.1$ mm 的单缝上,缝后用焦距 $f = 50$ cm 的汇聚透镜将衍射光汇聚于屏幕上。求:(1)中央明纹的角宽度、线宽度;(2)第 1 级明条纹宽度。

解　(1)第 1 级暗条纹对应的衍射角 θ_0 为

$$\theta_0 \approx \sin\theta_0 = \frac{\lambda}{a} = \frac{5\times10^{-7}}{1\times10^{-4}} = 5\times10^{-3}\quad(\text{rad})$$

从而中央明条纹的角宽度为 $2\theta_0 \approx 1\times10^{-2}$ rad。

(2)第 1 级暗条纹到中央明条纹中心 O 的距离为

$$x_1 = f\tan\theta_0 \approx f\theta_0 = 0.5\times5\times10^{-3} = 2.5\times10^{-3}\text{m} = 2.5\ (\text{mm})$$

设第 2 级暗条纹到中央明条纹中心 O 的距离为 x_2、衍射角为 θ_2,则第 1 级明条纹的线宽度为

$$\Delta x = x_2 - x_1 = f\tan\theta_2 - f\tan\theta_1 \approx f\left(\frac{2\lambda}{a} - \frac{\lambda}{a}\right) = \frac{\lambda}{a}f = \frac{5\times10^{-7}\times0.5}{1\times10^{-4}} = 2.5\times10^{-3} = 2.5\ (\text{mm})$$

可见,第 1 级明条纹的宽度约为中央明纹宽度的一半。

§13.3　衍射光栅

通过上节的讨论,原则上可以利用单色光通过单缝时所产生的衍射条纹来测定该单色光的波长。但为了准确,要求衍射条纹必须分得很开,条纹既细且明亮。然而对单缝衍射来说,这两个要求难以同时达到。因为若要条纹分得开,单缝的宽度 a 就要很小,这样通过单缝的光能量就少,以致条纹不够明亮且难以看清楚;反之,若加大缝宽 a,虽然观察到的条纹较明亮,但条纹间距变小,也不容易分辨。所以实际上测定光波波长时,往往不使用单缝,而采用能满足上述测量要求的衍射光栅。

13.3.1　光栅衍射现象

由大量等间距、等宽度的平行狭缝所组成的光学元件称为**衍射光栅**。用于透射光衍射的叫**透射光栅**,用于反射光衍射的叫**反射光栅**,如图 13-9 所示。常用的透射光栅是在一块玻璃片上刻画,不易透光,而刻痕之间的光滑部分可以透光,相当于一个单缝,如图 13-10 所示。

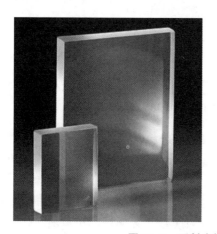

图 13-9　透射光栅和反射光栅

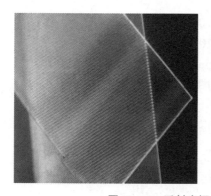

图 13-10　透射光栅板及其局部放大图

缝的宽度 a 和刻痕的宽度 b 之和，即 $a+b$ 称为**光栅常数**。现代用的衍射光栅，用激光在 1 cm 范围内可刻上 103~104 条缝，所以一般的光栅常数为 10^{-6} ~ 10^{-5} 的数量级。

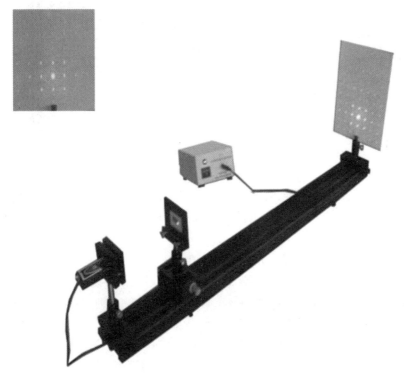

图 13–11　光栅衍射实验装置

光栅衍射的现象可由如图 13–11 所示的实验装置来演示。平行单色光垂直照射到光栅上，由光栅射出的光线经透镜后，汇聚于屏幕上，因而在屏幕上出现平行于狭缝的明暗相间的光栅衍射条纹。这些条纹的特点是明条纹很亮很窄，相邻明纹间的暗区很宽，衍射图样十分清晰。

13.3.2　光栅衍射规律

光栅是由许多单缝组成的，每个缝都在屏幕上各自形成单缝衍射图样，由于各缝的宽度均为 a，故它们形成的衍射图样都相同，且在屏幕上相互间完全重合。

光栅衍射的原理图如图 13–12 所示，其中衍射角为 θ，汇聚透镜焦距为 f。当平行单色光垂直照射光栅时，每个缝均向各方向发出衍射光，波叠加产生干涉，称**多光束干涉**。屏幕上干涉条纹的明暗分布取决于相邻两缝到汇聚点的光程差，因此既要考虑各单缝的衍射，又要考虑各缝之间的干涉，即单缝衍射与多缝干涉的叠加总效果。各缝中 θ 角为零的衍射光（即垂直透镜入射的平行光）经透镜 L 后，都汇聚在透镜主光轴的焦点上，即图中的 O 点，这就是各单缝衍射的中央明纹的中心位置。

从图 13–12 可以看出，任意相邻两缝射出衍射角为 θ 的两衍射光到 Q 点处的光程差均为 $(a+b)\sin\theta$，如果该光程差恰好为入射光波长 λ 的整数倍，则这两衍射光在 Q 点将满足相干

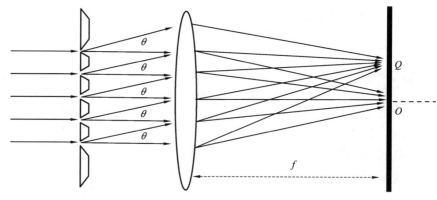

图 13-12 光栅衍射原理图

加强条件。此时其他任意两缝沿该衍射角方向射出的射光，到达 Q 点处的光程差也一定是波长 λ 的整数倍，于是所有各缝沿该衍射角 θ 方向射出的衍射光在屏上汇聚时，均相互加强，从而形成明条纹，即

$$(a+b)\sin\theta = k\lambda \ (k=0,\ \pm1,\ \pm2,\ \cdots) \tag{13-10}$$

这时在 Q 点的合光强是来自一条缝光强的 N^2（N 表示光栅的条数），因此光栅形成明条纹的亮度要比一条缝发出的光的亮度大得多。光栅缝的数目愈多，则明条纹愈明亮。这些明条纹细窄而明亮，通常称为**主极大条纹**。$k=0$ 为零级主极大，$k=1$ 为第 1 级主极大，其余依次类推。正、负号表示各级主极大在零级主极大两侧对称分布。从光栅公式可以看出，在波长一定的单色光照射下，光栅常数 $a+b$ 愈小，各级明纹的 θ 角愈大，因而相邻两个明纹分得愈开。

在光栅衍射中，相邻两主极大之间还分布着一些暗纹。这些暗纹是由各缝射出的衍射光因干涉相消形成的。可以证明，当 θ 角满足下述条件

$$(a+b)\sin\theta = \left(k+\frac{n}{N}\right)\lambda \ (k=0,\ \pm1,\ \pm2,\ \cdots) \tag{13-11}$$

时，屏幕出现暗条纹。其中 k 为主极大级数，N 为光栅缝总数，$n=1,\ 2,\ 3,\cdots,\ (N-1)$。在两主极大明条纹之间，分布着 $N-1$ 条暗纹。从式（13-11）可知，缝数 N 愈多，暗条纹也愈多，因此暗区愈宽，明条纹则愈细窄。

13.3.3 光栅光谱

由光栅公式可知，在光栅常数一定的情况下，衍射角 θ 的大小与入射光波的波长有关。因此当白光通过光栅后，各种不同波长的光将产生各自分开的主极大明条纹。屏幕上除零级主极大明条纹由各种波长的光混合仍为白色外，其两侧将形成各级由紫到红对称排列的彩色光带，这些光带整体称为**衍射光谱**。

由于光栅可以把不同波长的光分隔开，且光栅衍射条纹宽度窄，测量误差较小，所以常用它作分光元件，其分光性能比棱镜要优越得多。

例 13-2 用波长为 590 nm 的钠光垂直照射到每厘米刻有 1000 条缝的光栅上，在光栅后放置一焦距为 20 cm 的汇聚透镜，试求：（1）第 1 级与第 3 级明条纹的距离；（2）最多能看到第几级明条纹？

解　（1）光栅常数

$$a+b=\frac{L}{N}=\frac{1\times10^{-2}}{1000}=1\times10^{-5}(\text{m})$$

在图 13-12 中，假设明条纹到中心的距离为 x，则有

$$\sin\theta\approx\tan\theta=\frac{x}{f}$$

根据光栅公式 $(a+b)\sin\theta=k\lambda$ 可得

$$x=k\,\frac{\lambda f}{a+b}$$

因此，第 1 级与第 3 级明条纹之间的距离为

$$\Delta x=x_3-x_1=\frac{2\lambda f}{a+b}=\frac{2\times5.9\times10^{-7}\times0.2}{1\times10^{-5}}=2.36\times10^{-2}(\text{m})$$

（2）由光栅公式 $(a+b)\sin\theta=k\lambda$，得

$$k=\frac{(a+b)\sin\theta}{\lambda}$$

k 的最大值出现在 $\sin\theta=1$ 处，故

$$k<\frac{1\times10^{-5}}{5.9\times10^{-7}}=16.95$$

k 应取小于该值的最大整数，故最多能看到第 16 级明条纹。

§13.4　圆孔衍射　光学仪器的分辨率

13.4.1　圆孔衍射

　　在单缝夫琅禾费实验装置（图 13-1）中，若用一小圆孔代替狭缝，也会产生衍射现象。即当单色平行光垂直照射某一小圆孔时，位于透镜焦平面处的屏幕上可以观察到**圆孔夫琅禾费衍射图样**。如图 13-13 所示，其中央是一明亮圆斑，周围为一组明暗相间的同心圆环。

　　以第一暗环为界限的中央光斑称为**艾里斑**。假设艾里斑的直径为 d，其半径对透镜光心的张角 θ 称为艾里斑的半角宽度。圆孔夫琅禾费衍射

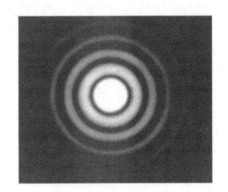

图 13-13　圆孔衍射图样

图样中，艾里斑的光强占整个入射光强的 80% 以上。根据理论计算，如图 13-14 所示，艾里斑的半角宽度 θ 与圆孔直径 D 及入射光波长 λ 的关系为

$$\theta\approx\sin\theta=1.22\frac{\lambda}{D}=\frac{d}{2f} \tag{13-12}$$

式中：f 为透镜焦距；d 为艾里斑的直径。由式（13-12）可知，圆孔直径 D 愈小或者波长 λ 愈大，圆孔衍射现象愈明显。

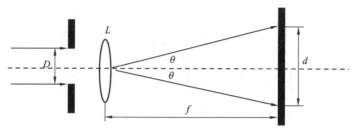

图 13-14　艾里斑的半角宽度

13.4.2　光学仪器的分辨率

光具有波粒二象性,从波动光学的角度来看,组成各种光学仪器的透镜等光学部件均相当于一个透光小孔,因此在屏上见到的像都是圆孔的衍射图样,粗略地说,见到的是一个具有一定大小的艾里斑。如果两个物点距离很近,则相对应的两个艾里斑很可能部分重叠而不易分辨,以至会被看成是一个像点。这就是说,光的圆孔衍射现象限制了光学仪器的分辨能力。

例如,用显微镜观察一个物体上的 a_1、a_2 两点时,从 a_1、a_2 点发出的光经显微镜的物镜成像时,将形成两个艾里斑,分别为 a_1 的像和 a_2 的像。如果这两个艾里斑分得较开,相互间没有重叠或重叠较小时,就能够分辨出 a_1、a_2 两点的像,从而可判断原来物点是两个点,如图 13-15(a)所示。如果 a_1、a_2 两点靠得很近,以至两个艾里斑大部分重叠,这时将不能分辨出这是两个物点的像,即原有物点 a_1、a_2 不能分辨,如图 13-15(c)所示。

那么可分辨和不可分辨的标准是什么呢?瑞利指出,**对于任何一个光学仪器,如果一个物点衍射图样的艾里斑中央最亮处恰好与另一个物点衍射图样的第一最暗处相重合,则认为这两个物点恰好可以被光学仪器所分辨。**

如图 13-15(b)所示,此时屏幕上的总光强分布可由两衍射图样的光强直接相加,其重叠部分中心的光强约为每一艾里斑最大光强的80%,一般人的眼睛刚好能分辨出这种光强差别,因而能判断出这是两个物点的像。这时两物点对透镜光心的张角称为光学仪器的最小分辨角,用 θ_m 表示,它正好等于每个艾里斑的半角宽度,即

$$\theta_m = 1.22\frac{\lambda}{D} \tag{13-13}$$

最小分辨角的倒数 $1/\theta_0$ 称为**光学仪器的分辨率**。由上式可知,光学仪器的分辨率与仪器孔径 D 成正比,与光波波长 λ 成反比。

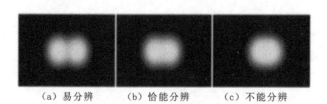

（a）易分辨　　（b）恰能分辨　　（c）不能分辨

图 13-15　艾里斑的重叠

在天文观测中，为了分清远处靠得很近的几个星体，须采用孔径很大的望远镜。对于显微镜的观测，为了提高分辨率则尽量采用波长短的紫光。电子也具有波动性，其波长可与固体中原子间距相比拟($0.01 \sim 0.1$ nm)，比普通光波的波长要小很多，因此电子显微镜的分辨率要比普通光学显微镜的分辨率要高数千倍。

例 13-3　通常的亮度下人眼瞳孔的直径约为 3 mm，人眼能感受的最灵敏的黄绿光的波长为 550 nm。求：(1)人眼的最小分辨角是多少？(2)如果在黑板上画两根相距为 2 mm 的平行直线，问坐在距离黑板多远处的同学恰能分辨？

解　(1)根据式(13-13)，可得人眼的最小分辨角为

$$\theta_0 = 1.22 \frac{\lambda}{D} = 1.22 \times \frac{5.50 \times 10^{-7}}{3 \times 10^{-3}} = 2.2 \times 10^{-4} (\text{rad})$$

(2)设人离开黑板的距离为 x，两平行直线的间距为 l，则两线对人眼的张角为

$$\theta \approx \frac{l}{x}$$

若恰能分辨两平行直线，应有 $\theta = \theta_0$，所以

$$x = \frac{l}{\theta_0} = \frac{2 \times 10^{-2}}{2.2 \times 10^{-4}} = 9.1 (\text{m})$$

§13.5　自然光与偏振光

光的偏振现象在自然界中普遍存在，在实验中光的偏振现象清楚地显示出了光的横波性，为光的电磁波本性提供了进一步的证据。光的反射、折射以及光在晶体中传播时的双折射都与光的偏振现象有关，利用光的偏振性质还可以研究晶体的结构，以及测定机械结构内部应力分布情况。

波可以分为纵波和横波，实验表明，**只有横波才有偏振现象**。横波的传播方向和质点的振动方向垂直，通过波的传播方向且包含振动矢量的那个平面称为振动面。显然，振动面与包含传播方向在内的其他面不同，这意味着波的振动方向相对传播方向没有对称性，这种不对称性叫作**偏振**。

光波是电磁波，光波中光矢量的振动方向总是和光的传播方向垂直。当光的传播方向确定以后，光振动在与光传播方向垂直的平面内的振动方向仍然是不确定的，光矢量可能有各种不同的振动状态，这种振动状态通常称为光的偏振态。按照光的偏振状态的不同，可以把光分为五类：**自然光**、**线偏振光**、**部分偏振光**、**椭圆偏振光**和**圆偏振光**。下面仅对前三种光分别予以说明。

1. 自然光

普通光源发出的光是大量原子或分子发光的总和，不同原子或同一原子在不同时刻发出的光波不仅初相位毫无关联，其振动方向也互不相关、随机分布。因此从宏观上看，光源发出的光中包含了所有方向的光振动，没有哪一个方向的光振动比其他方向占优势。在垂直于光传播方向的平面内，有沿各个方向振动的光矢量，从而光振动对光的传播方向是轴对称而又均匀分布的。在各个方向上，光矢量对时间的平均值是相等的，这种光就叫**自然光**，如图 13-16(a)所示。

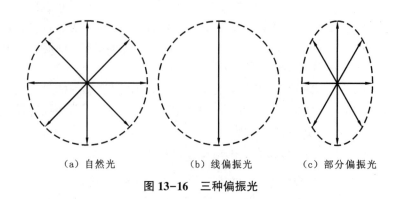

(a)自然光　　　　　　　(b)线偏振光　　　　　　(c)部分偏振光

图 13-16　三种偏振光

　　为了研究方便,常把自然光中各个方向的光振动分解为方向确定的两个相互垂直的分振动,这样就可将自然光表示成两个相互垂直的、振幅相等的、独立的光振动。这种分解不论在哪两个相互垂直的方向上进行,其分解的结果都是相同的,显然每一独立光振动的光强都等于自然光光强的一半。但应注意,由于自然光光振动的随机性,这两个相互垂直的光矢量之间没有恒定的相位差,因而它们互不干扰。

　　2. 线偏振光

　　如果光波的光矢量的方向始终不变,只沿一个固定方向振动时,这种光称为**线偏振光**,如图 13-16(b)所示。在光学实验中,采用某些装置将自然光中相互垂直的两个分振动之一完全移去,就可获得线偏振光,所以线偏振光又叫完全偏振光。因线偏振光中沿传播方向各处的光矢量都在同一振动面内,故线偏振光也称平面偏振光。

　　3. 部分偏振光

　　除了上述讨论自然光和线偏振光之外,还有一种介于两者之间的偏振光,这种光在垂直于光的传播方向的平面内沿各方向的振动都有,但它们的振幅大小不相等,称为**部分偏振光**,如图 13-16(c)所示。部分偏振光可以看成偏振光与自然光的混合。常将其表示成某一确定方向的光振动较强,与之垂直方向的光振动较弱,这两个方向光振动的强弱对比愈高,表明其愈接近完全偏振光。

　　此外,还用短线和点分别表示在纸内和垂直纸面的光振动。三种光的表示如图 13-17所示,图 13-17(a)表示自然光,图 13-17(b)表示线偏振光,图 13-17(c)表示部分偏振光。

　　在同一方向上传播的两列频率相同的线偏振光,如果它们的振动方向相互垂直,且具有固定的相位差 $\Delta\varphi$,则当 $\Delta\varphi = k\pi (k=0, \pm1, \cdots)$ 时,它们合成光矢量末端的轨迹是一条直线,这时两列偏振光合成后仍为线偏振光;当它们振幅不相等以及 $\Delta\varphi \neq k\pi$,或者是振幅相等以及 $\Delta\varphi \neq k\pi$ 且 $\Delta\varphi \neq k(2k+1)\dfrac{\pi}{2}$ 时,合成光矢量末端的轨迹是椭圆,这时两列线偏振光的合成是椭圆偏振光;当它们振幅相等以及 $\Delta\varphi = (2k+1)\dfrac{\pi}{2}$ 时,合成光矢量末端的轨迹是圆,这时两列线偏振光的合成为圆偏振光。此外,如果迎着光源看光矢量沿顺时针旋转,则该偏振光称为右旋椭圆或圆偏振光;如果迎着光源看光矢量沿逆时针旋转,则该偏振光称为左旋椭圆或圆偏振光。

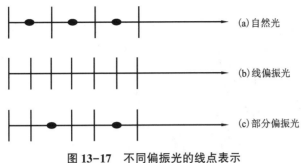

图 13-17 不同偏振光的线点表示

§13.6 起偏与检偏 马吕斯定律

普通光源发出的光都是自然光。从自然光中获得偏振光的装置叫作**起偏器**，利用偏振片是从自然光获取偏振光最简便的方法，如图 13-18 所示。除此之外，利用光的反射和折射或晶体棱镜也可以获取偏振光。下面我们介绍几种产生和检验偏振光的方法。

13.6.1 偏振片的起偏和检偏

偏振片是在透明的基片上蒸镀一层某种物质(如硫酸金鸡纳碱、碘化硫酸奎宁等)晶粒制成的，如图 13-18(b)所示。这种晶粒对相互垂直的两个分振动光矢量具有选择吸收的性能，即对某一方向的光振动有强烈的吸收，而对与之垂直的光振动则吸收很少，晶粒的这种性质称为**二向色性**。因此偏振片基本上只允许某一特定方向的光振动通过，这一方向称为偏振片的偏振化方向，也叫透光轴。

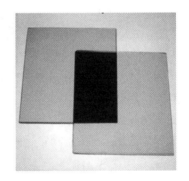

（a）偏振片架   （b）偏振片

图 13-18 起偏器和偏振片

偏振光的起偏和检偏实验如图 13-19 所示。当一束自然光产生并通过一个偏振片时，透过偏振片的光就成为光振动方向平行于该透光轴方向的线偏振光，这一过程称为起偏。透过线偏振光的光强只有入射自然光光强的一半。

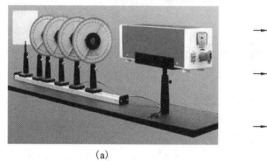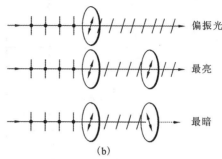

(a)   (b)

图 13-19   起偏和检偏实验

在起偏偏振片后加一偏振片,可以用来检验某一光束是否为线偏振光,称为检偏。用作检验光的偏振状态的装置称为**检偏器**。图 13-19(b)中,当透过前面偏振片所形成的线偏振光再垂直入射至后面的偏振片时,如果后一偏振片的透光轴与线偏振光的振动方向相同,则该线偏振光可全部继续透过后一偏振片,在后一偏振片的后面能观察到光,并且此时光屏上呈现的光最亮。如果把后一偏振片绕光的传播方向旋转 90°,即当后一偏振片的透光轴与线偏振光的振动方向相互垂直时,前面偏振片产生的线偏振光将全部被后一偏振片吸收,此时在光屏上观察不到光。如果让后一偏振片绕入射线偏振光的传播方向缓慢转动一周,就会发现透过该偏振片的光强不断改变,并经历两次光强最大和两次光强为零的过程。

13.6.2   马吕斯定律

1809 年马吕斯在研究线偏振光通过检偏器后的透射光光强时发现,**如果入射线偏振光的光强为 I_0,透过检偏器后,透射光的光强 I 为**

$$I = I_0 \cos^2\beta \tag{13-14}$$

式中:β 是线偏振光的振动方向与检偏器的透光轴方向之间的夹角。式(13-14)称为**马吕斯定律**。从马吕斯定律可以看出,线偏振光通过偏振片后,光强随入射线偏振光的振动方向和偏振片的透光轴方向之间的夹角 β 的改变而改变。

如果入射到检偏器的线偏振光是起偏器产生的透射光,即如图 13-19 所示情况,那么上式中的 β 角就等于起偏器与检偏器两透光轴方向之间的夹角。当 $\beta = 0$ 时,$I = I_0$,此时透过偏振片的光强最大;当 $\beta = 90°$ 时,$I = 0$,此时没有光透过偏振片。

例 13-4   一光束由线偏振光和自然光混合而成,当它通过偏振片时,发现透射光的光强依赖偏振片透光轴方向的取向可变化 5 倍。求:入射光束中两种成分的光的相对强度。

解   设光束的总光强为 I,其中线偏振光的强度为 I_1,自然光的光强为 I_0,则有 $I = I_1 + I_0$。

通过偏振片后,自然光的剩余光强为 $I_0/2$,且与偏振片的透光轴取向无关。线偏振光的最大光强出现在偏振片的透光轴取向平行于线偏振光的振动方向时,大小为 I_1;线偏振光的最小光强出现在偏振片的透光轴取向垂直于线偏振光的振动方向时,大小为零,故透过偏振片的混合光强最大为 $I_1 + I_0/2$,最小为 $I_0/2$。从而得到

$$\frac{I_1 + I_0/2}{I_0/2} = 5$$

由此可得

$$I_1 : I_0 = 2 : 1$$

即线偏振光相对强度为 $I_1 = \dfrac{2}{3}I$，自然光相对强度为 $I_0 = \dfrac{1}{3}I$。

例 13-5　要使一束线偏振光通过偏振片后振动方向转过 90°，至少需要让这束光通过几块理想偏振片？在此情况下，透射光强最大是原来光强的多少倍？

解　至少需要两块理想偏振片。其中第一块偏振片的透光轴与入射线偏振光的振动方向的夹角为 β，第二块偏振片的透光轴与第一块偏振片的透光轴夹角为 $(90° - \beta)$。设入射线偏振光光束的光强为 I_0，则透射光强为

$$I = I_0 \cos^2\beta \cos^2(90° - \beta) = I_0 \cos^2\beta \sin^2\beta = \frac{I_0}{4}\sin^2 2\beta$$

从上式可以看出，当 $2\beta = 90°$ 时，最大光强为 $I_{\max} = I_0/4$，即为原来的四分之一。

§13.7　布儒斯特定律　光的双折射

13.7.1　反射光和折射光的偏振　布儒斯特定律

自然光在两种各向同性的介质分界面上反射和折射时，反射和折射光都将成为部分偏振光；在特定情况下，反射光有可能成为完全偏振光，即线偏振光。

如图 13-20 所示，一束自然光入射至两介质的界面，两介质的折射率分别为 n_1 和 n_2，入射角为 i。入射的自然光可以分解为两个相互垂直的光振动，一个与入射面垂直（图中用黑点表示），称为垂直振动；另一个和入射面平行（图中用短线表示），称为平行振动。实验发现，在反射光束中，垂直振动多于平行振动，而在折射光束中，平行振动多于垂直振动，即反射光和折射光均为部分偏振光，如图 13-20(a) 所示。

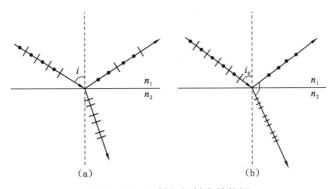

图 13-20　反射和折射光的偏振

理论和实验证明，反射光的偏振化程度和入射角有关，当入射角等于某一特定值 i_0，即

$$\tan i_0 = \frac{n_2}{n_1} \qquad (13-15)$$

时，反射光中只有垂直入射面的分振动，成为线偏振光，而折射光仍为部分偏振光，但这时折射光的偏振化程度最强，如图 13-19(b)所示。式(13-15)称为**布儒斯特定律**，i_0 称为**布儒斯特角**或**起偏振角**。

结合折射定律 $n_1 \sin i_0 = n_2 \sin \gamma$ 以及布儒斯特定律，可得

$$\tan i_0 = \frac{\sin i_0}{\cos i_0} = \frac{n_2}{n_1}$$

从而有

$$\sin \gamma = \cos i_0$$

即

$$i_0 + \gamma = \frac{\pi}{2} \qquad (13-16)$$

式(13-16)表明，当入射角为起偏振角时，反射光与折射光相互垂直。

自然光以起偏角入射时，反射光虽然是线偏振光，但其光强很弱。以自然光从空气入射到玻璃界面为例，反射光的光强只占入射自然光中垂直振动光强的 15%，折射光的光强则占入射自然光中垂直振动光强的 85% 和平行振动光强的 100%。因此折射光的光强很强，但它的偏振化程度却不高。

为了增强反射光的强度和折射光的偏振化程度，可以把许多相互平行的玻璃重叠成玻璃片堆，当使光从玻璃片入射到空气层各界面上时，折射光中的垂直振动因多次反射而不断减弱，因而其偏振化程度将会逐渐增强，当玻璃片足够多时，最后投射出来的光就极近似于平行光入射面的线偏振光。同时，由于玻璃片堆各层反射光的累加，反射光的光强也得到增强。利用这个方法，可以获得两束振动方向相互垂直的线偏振光。

例 13-6 利用布儒斯特定律可以测定不透明介质的折射率。当一束平行自然光从空气中以 58° 角入射到某介质材料表面上时，检验出反射光是线偏振光，求该介质的折射率。

解 根据布儒斯特定律有

$$\tan i_0 = \frac{n_2}{n_1}$$

所以

$$n_2 = n_1 \tan i_0 = \tan 58° = 1.6$$

13.7.2 双折射现象　寻常光和非常光

在我们日常生活经验中，所熟悉的现象是当一束光射到两种各向同性媒质(如空气和玻璃)的分界面上时，会发生反射和折射，并且反射光和折射光仍各为一束光。但是当光射入各向异性晶体(如方解石晶体)后，可以观察到有两束折射光，这种现象称为**光的双折射现象**。实验发现，除立方晶系外，光线进入晶体时，一般都会产生光的双折射现象。

如图 13-21 所示，把一块方解石晶体放在原印有一图像的纸面上，从上往下透过方解石看该图像时，看到这个图像都变成了相互错开的两个图像，即单个图像都有两个像。这就是光线进入方解石后产生的两束折射光所致。

进一步的研究表明，如图 13-22 所示，两束折射线中的一束始终遵守折射定律，无论入射线的方向如何，其入射角 i 与折射角 r 的正弦之比始终为恒量，即 $\dfrac{\sin i}{\sin \gamma} = \dfrac{n_2}{n_1} =$ 恒量，这一束折射光称为**寻常光**，通常用 O 表示，简称 O 光；另一束折射光不遵守普通的折射定律，它不一定在入射面内，而且入射角 i 改变时，$\dfrac{\sin i}{\sin \gamma}$ 的量值不是一个常数，这束光通常称为**非常光**，用 E 表示，简称 E 光。检偏器检验表明，O 光和 E 光都是线偏振光。

图 13-21　方解石的成像

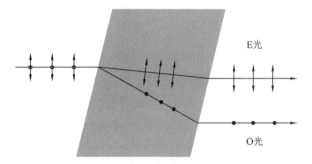

图 13-22　寻常光与非常光

13.7.3　晶体的光轴与光线的主平面

晶体内还存在着一个特殊方向，光沿着这个方向传播时不产生双折射，即 O 光和 E 光重合，在该方向 O 光和 E 光的折射率相等，光的传播速度相等。这个特殊的方向称为**晶体的光轴**。

如图 13-23 所示，天然方解石晶体是一个斜的平行六面体，其两棱之间的夹角约为 78° 或 102°。从其三个钝角面相汇合的顶点引出一条直线，并使其与三棱边都成等角，这一直线方向就是方解石晶体的光轴方向。应该注意，"光轴"不是指一条直线，而是强调其"方向"，因此与光轴平行的直线都可认为是晶体的光轴。

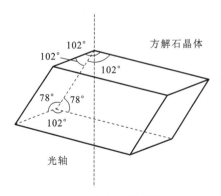

图 13-23　方解石晶体的光轴

只有一个光轴的晶体称为**单轴晶体**,如方解石、石英等。有些晶体具有两个光轴方向,称为**双轴晶体**,如云母、蓝宝石等。

晶体中某条光线与晶体的光轴所组成的平面称为该光线的主平面,O 光和 E 光各有自己的主平面。实验发现,O 光的光振动垂直于 O 光的主平面,E 光的光振动在 E 光的主平面内。一般情况下,O 光和 E 光的主平面并不重合,它们之间有一较小的夹角。只有当光线沿光轴和晶体表面法线所组成的平面入射时,这两个主平面才严格重合,且就在入射面内,这时 O 光和 E 光的光振动方向互相垂直。这个由光轴和晶体表面法线方向组成的平面称为晶体的主截面。在实际应用中,一般都选择光线沿主截面入射,以使双折射现象的研究更为简化。

13.7.4 椭圆偏振光与圆偏振光 波片

利用振动方向相互垂直的两个同频率简谐振动的合成可以获得椭圆偏振光与圆偏振光。如图 13-24 所示,单色自然光通过偏振片后,成为线偏振光,该线偏振光垂直于光轴进入晶片后分解为 O、E 两光,仍沿原方向前进。此时 O、E 光的两主平面重合,且就在它们的传播方向与光轴所在的平面内,并且 O 光的光振动垂直于主平面(即垂直于光轴),E 光的光振动则平行于光轴,其振幅分别为 $E_O = E\sin\alpha$, $E_E = E\cos\alpha$。由于两光在晶体中传播速度不同,晶片对 O、E 光的主折射率(E 光在垂直于光轴方向的折射率)n_O 和 n_E 亦不相同,所以通过厚度为 d 的晶片后,两光之间将出现相位差

$$\Delta\varphi = \frac{2\pi}{\lambda}(n_O - n_E)d \tag{13-17}$$

式中:λ 是入射单色光的波长。这样,两束频率相同、振动方向相互垂直,且具有一定相位差的两个光振动合成为椭圆偏振光。合成光矢量末端的轨迹在一般情况下是一个椭圆。

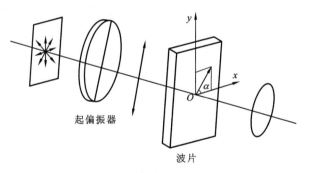

起偏振器

波片

图 13-24 椭圆偏振光的产生

适当选择晶片厚度 d,使得相位差为

$$\Delta\varphi = \frac{2\pi}{\lambda}(n_O - n_E)d = \frac{\pi}{2} \tag{13-18}$$

则通过晶片后的合成光为正椭圆偏振光。由于这时 O、E 光通过晶片后的光程差为

$$\delta = (n_O - n_E)d = \frac{\lambda}{4} \tag{13-19}$$

这样厚度的晶片称为四分之一波片,如图 13-25 所示,显然它是对特定波长而言的,图中的 633、1550 即为相应波片的波长。

图 13-25　四分之一波片

当波片为四分之一波片且 $\alpha = \dfrac{\pi}{4}$ 时，则晶体中 O 光与 E 光的振幅相等，即 $E_{\mathrm{O}} = E_{\mathrm{E}}$，此时通过晶片后的光将成为圆偏振光。

如果将晶片换成二分之一波片，α 仍保持 $\dfrac{\pi}{4}$，则 O、E 光通过晶片后的相位差为 π，且振幅相等，合成后仍为线偏振光，不过振动方向将旋转 90°。

 本章小结

（1）衍射现象分为两类：菲涅耳衍射、夫琅禾费衍射。

（2）单缝夫琅禾费衍射明暗条纹的形成条件：
$$\delta = a\sin\theta = \begin{cases} 0 & \text{中央明条纹} \\ \pm 2k\dfrac{\lambda}{2} & \text{暗条纹} \\ \pm(2k+1)\dfrac{\lambda}{2} & \text{明条纹} \end{cases}$$

（3）夫琅禾费衍射的中央明纹的线宽度为：$\Delta x_0 = 2f\tan\theta_0 = 2\dfrac{\lambda}{a}f$。

（4）衍射光栅的明条纹形成条件：$(a+b)\sin\theta = k\lambda$。

（5）艾里斑的半角宽度：$\theta \approx \sin\theta = 1.22\dfrac{\lambda}{D} = \dfrac{d}{2f}$。

（6）瑞利指出，对于任何一个光学仪器，如果一个物点衍射图样的艾里斑中央最亮处恰好与另一个物点衍射图样的第一最暗处相重合，则认为这两个物点恰好可以被光学仪器所分辨。

（7）光学仪器的最小分辨角正好等于每个艾里斑的半角宽度，即 $\theta_{\mathrm{m}} = 1.22\dfrac{\lambda}{D}$。最小分辨角的倒数 $1/\theta_0$ 称为光学仪器的分辨率。

（8）按照光的偏振状态的不同，可以把光分为五类：自然光、线偏振光、部分偏振光、椭圆偏振光和圆偏振光。

（9）马吕斯定律：$I = I_0\cos^2\beta$。

（10）布儒斯特定律：$\tan i_0 = \dfrac{n_2}{n_1}$，$i_0$ 称为布儒斯特角或起偏振角。

（11）当入射角为起偏振角时,反射光与折射光相互垂直,即$i_0+\gamma=\dfrac{\pi}{2}$。

 练习题

基础练习

1. 我们经常可以看到, 在路边施工处总挂着红色的电灯, 这除了红色光容易引起人的视觉注意以外, 还有一个重要的原因, 这一原因是红色光(　　)。

A. 比其他色光更容易发生衍射

B. 比其他色光的光子能量大

C. 比其他色光更容易发生干涉

D. 比其他色光更容易发生光电效应

2. 在一次观察光的衍射实验中, 观察到如图 13-26 所示的清晰的亮暗相间的图样,那么障碍物可能是(　　)。

A. 很小的不透明圆板

B. 很大的中间有大圆孔的不透明挡板

C. 很大的不透明圆板

D. 很大的中间有小圆孔的不透明挡板

3. 如图 13-27 所示, 让太阳光通过 M 上的小孔 S 后照射到 M 右方的一偏振片 P 上, P 的右侧再放一光屏 Q, 现使 P 绕着平行于光传播方向的轴匀速转动一周, 则关于光屏 Q 上光的亮度变化情况, 下列说法中正确的是(　　)。

A. 只有当偏振片转到某一适当位置时光屏被照亮, 其他位置时光屏上无亮光

B. 光屏上亮、暗交替变化

C. 光屏上亮度不变

D. 光屏上只有一条亮线随偏振片转动而转动

图 13-26　基础练习第 2 题图

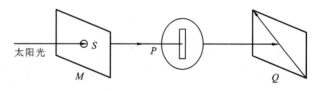

图 13-27　基础练习第 3 题图

4. 对于自然光和偏振光, 以下认识正确的是(　　)。

A. 自然光只有通过偏振片后才能变成偏振光

B. 从太阳、蜡烛等普通光源发出的光是自然光

C. 自然光通过一个偏振片后成为偏振光, 偏振光又通过一个偏振片后成为自然光

D. 电灯发出的光透过偏振片, 旋转偏振片时看到透射光的亮度变化, 说明透射光不是偏振光

5. 纵波不可能产生的现象是(　　)。

A. 折射现象　　　　　B. 偏振现象　　　　　C. 干涉现象　　　　　D. 衍射现象

6. 两偏振片堆叠在一起,一束自然光垂直入射其上时没有光线通过。当其中一偏振片慢慢转动 90°时,透射光强度发生的变化为(　　)。

A. 光强单调增加

B. 光强先增加,后又减小至零

C. 光强先增加,后减小,再增加

D. 光强先增加,后减小,再增加,再减小至零

7. 一束光是自然光和线偏振光的混合光,让它垂直通过一偏振片。若以此入射光束为轴旋转偏振片,测得透射光强度最大值是最小值的 5 倍,那么入射光束中自然光与线偏振光的光强比值为_____。

8. 一束自然光通过两个偏振片,若两偏振片的偏振化方向间夹角由 α_1 转到 α_2,则转动前后透射光强度之比为_____。

9. 在单缝夫琅禾费衍射中,如果缝宽变窄,则衍射角_____(变大,变小),条纹_____(变密,变稀);如果入射光波长变长,则衍射角_____(变大,变小),条纹_____(变密,变稀)。

10. 在某个单缝衍射实验中,光源发出的光含有两种波长 λ_1 和 λ_2,垂直入射于单缝上。假如 λ_1 的第一级衍射极小与 λ_2 的第二级衍射极小相重合,试问:(1)这两种波长之间有何关系?(2)在这两种波长的光所形成的衍射图样中,是否还有其他极小相重合?

▶ **综合进阶**

1. 用单色光通过小圆盘和小圆孔做衍射实验时,在光屏上得到衍射图形,它们的特征是(　　)。

A. 用小圆盘时中央是暗的,用小圆孔时中央是亮的

B. 中央均为亮点的同心圆形条纹

C. 中央均为暗点的同心圆形条纹

D. 用小圆盘时中央是亮的,用小圆孔时中央是暗的

2. 在测量单色光的波长时,下列方法中最准确的是(　　)。

A. 双缝干涉　　　　B. 光栅衍射　　　　C. 单缝衍射　　　　D. 牛顿环

3. 波长 $\lambda = 550$ nm 的单色光垂直入射于光栅常数 $d = 2.0 \times 10^{-4}$ cm 的平面衍射光栅上,可能观察到的光谱线的最大级次为(　　)。

A. 2　　　　　　　B. 3　　　　　　　C. 4　　　　　　　D. 5

4. 下列关于偏振光的说法中正确的是(　　)。

A. 自然光就是偏振光

B. 沿着一个特定方向传播的光叫偏振光

C. 沿着一个特定方向振动的光叫偏振光

D. 单色光就是偏振光

5. 自然光以 60°的入射角照射到某两介质交界面时,反射光为完全偏振光,则知折射光为(　　)。

A. 完全偏振光且折射角是 30°

B. 部分偏振光且折射角是 30°

C. 部分偏振光，但须知两种介质的折射率才能确定折射角

D. 部分偏振光且只是在该光由真空入射到折射率为 3 的介质时，折射角是 30°

6. 在单缝衍射中，观察到第 4 级暗条纹有_____半波带；第 3 级明条纹有_____半波带。

7. 要使一束线偏振光通过偏振片之后振动方向转过 90°，至少需要让这束光通过_____块理想偏振片。在此情况下，透射光强最大是原来光强的_____倍。

8. 若测得不透明介质在空气中的起偏振角为 60°，利用布儒斯特定律求得该介质的折射率为_____。

9. 投射到起偏器的自然光强度为 I_0，开始时，起偏器和检偏器的透光轴方向平行。然后使检偏器绕入射光的传播方向转过 30°、45°、60°，透过检偏器后光的强度分别是_____、_____、_____（用 I_0 表示）。

10. 一单色平行光垂直照射一单缝，若其第 3 级明条纹位置正好与 600 nm 的单色平行光的第 2 级明条纹位置重合，求前一种单色光的波长。

11. 在夫琅禾费圆孔衍射中，设圆孔半径为 0.10 mm，透镜焦距为 50 cm，所用单色光波长为 500 nm，求在透镜焦平面处屏幕上呈现的艾里斑半径。

12. 波长为 500 nm 的平行单色光垂直照射到每毫米有 200 条刻痕的光栅上，光栅后的透镜焦距为 60 cm。试求屏幕上中央明条纹与第 1 级明条纹的间距。

13. 一束自然光从空气入射到折射率为 1.40 的液体表面上，其反射光是完全偏振光。试求：(1)入射角等于多少？(2)折射角为多少？

14. 使自然光通过两个偏振化方向夹角为 60° 的偏振片时，透射光强为 I_1，在这两个偏振片之间再插入一偏振片，它的偏振化方向与前两个偏振片均成 30°，问此时透射光 I 与 I_1 之比为多少？

练习题参考答案

第六篇

现代物理学

阅读材料：浅论固体物理学

1. 固体物理学简史

固体物理学是研究固体物质的物理性质、微观结构、构成物质的各种粒子的运动形态及其相互关系的科学。而固体通常指在承受切应力时具有一定程度刚性的物质，包括晶体和非晶体。

在相当长的时间里，人们研究的固体主要是晶体。早在 18 世纪，阿维对晶体外部的几何规则性就有一定的认识。后来，布拉格在 1850 年导出 14 种点阵。费奥多罗夫在 1890 年、熊夫利在 1891 年、巴洛在 1895 年，各自建立了晶体对称性的群理论。这为固体的理论发展找到了基本的数学工具，影响深远。1912 年劳厄等发现 X 射线通过晶体的衍射现象，证实了晶体内部原子周期性排列的结构。布拉格父子在 1913 年建立了晶体结构分析的基础。对磁有序结构的晶体，增加了自旋磁矩有序排列的对称性，直到 20 世纪 50 年代舒布尼科夫才建立了磁有序晶体的对称群理论。20 世纪 60 年代起，人们开始研究在超高真空条件下晶体解理后表面的原子结构。20 世纪 20 年代末发现的低能电子衍射技术在 20 世纪 60 年代经过改善，成为研究晶体表面的有力工具。近年来发展的扫描隧道显微镜，分辨率相当高，可以探测晶体表面的原子结构。

固体中电子的状态和行为是了解固体的物理、化学性质的基础。布洛赫和布里渊分别从不同角度研究了周期场中电子运动的基本特点，为固体电子的能带理论奠定了基础。贝尔实验室的科学家对晶体的能带进行了系统的实验和理论的基础研究，同时掌握了高质量半导体单晶生长和掺杂技术。1947—1948 年，晶体管诞生。

固体磁性是一个有悠久历史的研究领域。从 20 世纪初至 20 世纪 30 年代，经过许多学者努力，抗磁性的基本理论建立。朗之万在 1905 年给出顺磁性的经典统计理论，得出居里定律。顺磁性的量子理论连同大量的实验研究，促进了顺磁盐绝热去磁制冷技术出现，以及电子顺磁共振技术和微波激射放大器的发明。

晶体或多或少都存在各种杂质和缺陷，它们对固体的物性以及功能材料的技术性能都起着重要的作用。贝特在 1929 年开辟了晶体场的新领域，高分辨电子显微术正促使人们在更深的层次上研究杂质、缺陷和它们的复合物。电子顺磁共振、穆斯堡尔效应、正电子埋没技术等已成为研究杂质和缺陷的有力手段。

从 20 世纪 60 年代起，人们开始在超高真空条件下研究晶体表面的本征特性，以及吸附过程等通过粒子束(光束、电子束、高子束或原子束)和外场(温度、电场或磁场)与晶体表面的相互作用，获得有关晶体表面的原子结构、吸附物特征、表面电子态以及表面元激发等信息，加上晶体表面的理论研究，形成晶体表面物理学。

2. 固体物理学发展趋势

固体物理学经过近 3 个世纪的发展，从物理学的一个分支发展成专门学科，且有了自己的分支学科，如表面物理学。同时，经过学者们各项研究的积累沉淀，随着科技的进步，新的实验条件和技术日新月异，为固体物理学不断开拓出新的研究领域。极低温、超高压、强磁场等极端条件，以及超高真空技术、表面能谱术、材料制备的新技术、同步辐射技术、核物理技术、激光技术、光散射效应、各种粒子束技术、电子显微术、穆斯堡尔效应、正电子湮没技术、磁共振技术等现代化实验手段，使固体物理性质的研究不断向深化和广化发展。

早在19世纪，人们就跳出了固体物理学的研究局限，将研究成果应用到实际生活中。从最开始的晶体、金属材料、固体磁性材料到后来的顺磁共振技术、微波激射放大器、固体激光器，都是固体物理理论研究与现实的巨大进步。而现在正不断发展并试验投入使用的超导材料，也是固体物理学的一个伟大成就，其中的大电流应用、电子学应用、抗磁性应用更是当今科技领域的宠儿。

在电力领域，超导发电机、磁流体发电机的使用将会解决国家发电方面面临的效率低、成本高、损耗大等各类问题，可带来更便捷、低消耗、高效率的发电技术。同时，由超导材料制作而成的超导电线和超导变压器更是可以几乎无损耗地把电力输送到每家每户。超导磁体计算机可以完全利用超导体制作晶体管，解决超大规模集成电路面临的散热问题，大大提高计算机的运算速度。磁悬浮列车也正是利用了超导材料的抗磁性。

今后，固体物理学还会向量子调控电子学、微结构材料、软物质的结构与功能等方面发展。虽然超导体的应用研究已经有了一定的规模，但现今仍未大量投入到实际生活之中。由此可见，今后固体物理学的研究方向除了扩充领域之外，更应该是深入研究如何将这些理论成果运用到实际生活中，让人民的生活更加便捷。

3. 固体物理学前沿研究

由于固体物理本身是微电子技术、光电子学技术、能源技术、材料科学等技术学科的基础，也由于固体物理学科内在的因素，固体物理的研究论文已占物理学研究论文的三分之一以上。同时，固体物理学的成就和实验手段对化学物理、催化学科、生命科学、地学等的影响日益增长，正在形成新的领域。

固体物理的前沿研究有很多，下面举一些典型的例子。(1)石墨烯纳米结构和纳米器件研究，如石墨烯结构边缘态控制、石墨烯外延生长、石墨烯量子点和纳米带的加工与物性、石墨烯电子学器件等。(2)高温超导的隧道谱研究，通过铁基超导体揭开高温超导机理的神秘面纱。(3)用颗粒物理原理，构建地震前兆信息传播、分布和探测的新模型。(4)低维氧化物的结构设计与光电物理研究，其背后隐含的微观物理机制，对现有的半导体中的载流子输运、自旋极化、光电效应等也提出了新的问题和挑战。(5)利用表面等离子体共振效应在纳米尺度上实现对光的调控；在纳米尺度上突破对光的衍射极限，实现对光进行多种有效手段的调控。

第14章

固体物理和激光基础

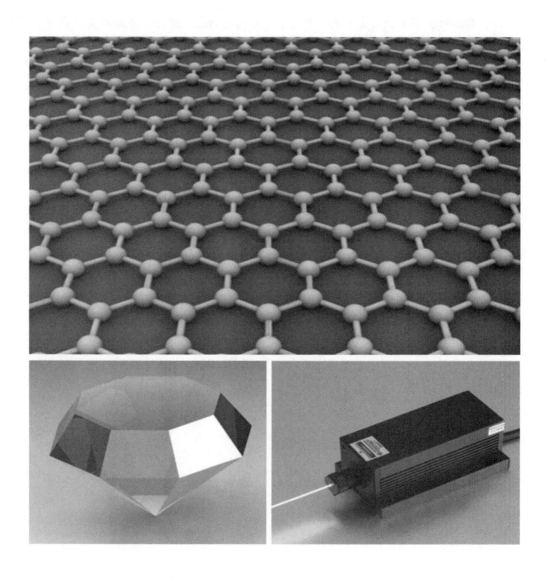

§14.1　晶体的结构

14.1.1　晶体

1. 晶体的宏观特征

大多数材料为固体，固体可以分为**晶体**和**非晶体**，如图 14-1 所示。晶体是由原子、离子或分子在空间按一定规律、周期性重复排列所构成的固体物质。非晶体则是质点排列不规则、近程有序而远程无序的无定形体。晶体可以分为**单晶**、**多晶**。单晶是由一个晶核生长的结构完整的晶体，如天然或人造水晶、人造红宝石、金刚石等。多晶是由无数小单晶颗粒取向随机并结合而成的晶体，包括金属及陶瓷等。在自然界中，绝大多数的固体物质是多晶，而玻璃、塑料、松香、沥青、树脂等则为非晶体。微晶是晶粒尺寸为微米级的单晶体。纳米晶体是晶体尺寸为纳米级的多晶体。液晶是介于晶体的有序和非晶体的完全无序的液体。

石蜡　　橡胶

图 14-1　晶体和非晶体

晶体中相等的晶面、晶棱、角顶以及晶体的物理化学性质在不同方向或位置上有规律地重复出现，称为晶体的宏观对称。它是由晶体内部格子构造的对称性决定的。由于晶体在不同的方向上质点的排列方式不同，因此晶体的宏观性质会因方向不同而有差异，即具有各向异性的特性。此外，晶体具有固定的熔点，能产生 X 射线、电子流和中子流的衍射效应。

晶体与非晶体因结构的差异而呈现不同的特点。在相同的热力学条件下，与同种化学成分的非晶体如液体、气体比较，晶体的内能最小，其内部质点在一定位置上振动，以保持格子的平衡，晶体总是处于最稳定状态。同种温度的非晶体要变为晶体，必须放出结晶热才能实现其转变过程。非晶体不具有结晶结构，具有原子排列无规则、无固定的外表形态、无固定的熔点、不能用 X 射线法测定其内部结构、各方向上的物理性质相同、具有晶质化趋势等特征。

2. 晶体的微观特征

在晶体内部原子或分子周期性地排列的、每个重复单位的相同位置上定一个点，这些点按一定周期性规律排列，在空间构成一个点阵，称为**晶体的空间点阵**。点阵是一组无限的点，连接其中任意两点可得一矢量，将各个点阵按此矢量平移能使它复原。点阵中每个点都具有完全相同的周围环境。用点阵的性质来研究晶体的几何结构的理论称为点阵理论。

在晶体的微观空间中,原子呈现周期性的整齐排列。对于理想的完美晶体,这种周期性是单调的、不变的。宏观晶体的规则外形正是晶体的平移对称性这种微观特征的表象,如图14-2所示。晶体微观空间里的原子排列,无论近程还是远程,都是周期性有序结构。

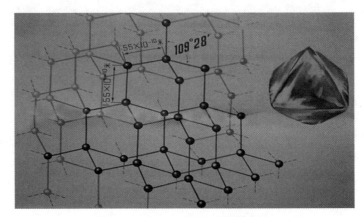

图 14-2　金刚石晶体的微观结构

空间点阵是晶体结构的数学抽象,晶体具有点阵结构。空间点阵中可以划分成一个个平行六面体——空间格子,空间格子在实际晶体中可以切出一个个平行六面体的实体,这些包括了实际内容的实体,叫**晶胞**。晶胞是晶体结构中的基本重复单位。

14.1.2　晶体的结合

组成晶体的原子能够保持中性稳定的周期性排列,说明原子之间有着强烈的相互作用力。晶体粒子之间的相互作用力包括两种类型:引力和斥力。当原子受到压缩时,这种作用表现为斥力;当晶体受到拉伸时,这种作用表现为引力。当斥力和引力平衡时,晶体保持一定的体积和外形。因此,晶体结构取决于组成晶体的原子的性质及相互作用。

从能量的观点来看,一块晶体处于稳定状态时,它的总能量 E_0(原子的动能和相互作用势能的总和)比组成这晶体的原子处于自由状态时的总能量 E_N 低。两者之差被定义为晶体的结合能 W,即 $W = E_0 - E_N$。**结合能**就是把晶体分离成自由原子所需要的能量。

对原子结合成晶体起主要作用的是各原子的最外层的电子。按原子间相互作用的性质,可把晶体分为**离子晶体**、**共价晶体**、**金属晶体**、**分子晶体**和**氢键晶体**等。

离子晶体由正、负离子组成,依赖离子之间的静电相互作用结合成晶体。最典型的离子晶体是碱金属元素和卤族元素形成的化合物,它们的晶体结构比较简单,分别属于 NaCl 或 CsCl 两种典型结构。一般离子晶体的熔点较高,硬度较大,导电性差。大多数离子晶体在可见光照射下变为透明材料,在远红外区有一特征吸收峰。

以共价键相结合的晶体称为共价晶体。在共价晶体中,相邻原子各出一个未配对的价电子形成自旋相反的共用电子对,这样的键合称为共价键。氢分子是最典型的共价键结合的例子,C、Si、Ge 等Ⅳ族元素所形成的晶体及许多半导体材料,如 GaAs 等都是共价晶体。共价键的重要特征是饱和性和方向性。共价晶体一般很硬,导电性差。

金属晶体中,原子外层的价电子脱离原子而成为共有化电子,原子实"浸"在共有化电子形成的电子云中。由于原子实和电子云之间的静电库仑力是一种吸引作用，使系统能量降低，这就使金属原子倾向于相互接近形成晶体，这种不属于原子实的共有化电子与"浸"在其中的离子实之间的库仑作用称为金属键。由于金属中有共有化的自由电子的存在，因而金属具有良好的导电和导热性能。

对于 He、Ne、Ar、Kr 以及一些有机分子，电子形成了闭合壳层，因而电子被紧紧地束缚住。对于这种物质，在适当条件下，也能形成晶体，即分子晶体。可以认为这些电子和分子是球对称且没有极性的，因此分子间不存在固有电偶极矩的相互作用。两个原子或分子间产生一种吸引力，称为伦敦（London）力或色散力；有极分子的固有电偶极矩间的相互作用力，称为葛生（Keeson）力；有极分子与无极分子之间的相互作用，称为德拜（Debey）力。这三种力统称为范德瓦尔斯力，分子晶体的结合力就是范德瓦尔斯力。范德瓦尔斯力在其他晶体中也存在，但是与使晶体结合的离子键、共价键和金属键相比，范德瓦尔斯力太弱，可以忽略不计。由于范德瓦尔斯力很弱，故分子晶体的特点是软，而且熔点低。

由于氢原子具有某些特殊性质，其第一离化能比较大，难以形成离子键，同时氢原子核也比其他原子实小得多，当它唯一的价电子与另一原子形成共价键后原子核便暴露出来了，容易受到其他原子的作用，所以氢原子在晶体的结合中可能起特殊作用，在某些条件下一个氢原子可以受到两个原子的吸引，在这两个原子之间形成所谓氢键。冰是一种典型的氢键晶体，水分子之间主要靠氢键相结合。氢键和范德瓦尔斯键都是弱键，但前者较后者略强一些。

14.1.3　晶体的点阵结构

表示晶体结构中等同点排列规律的几何图形称为空间点阵。晶体的各质点（原子、分子、离子）是点阵的各个点，称为结点或点阵点，它是仅代表质点的重心位置而不代表组成、质量和大小的几何点。连接点阵中相邻结点而成的单位平行六面体称为单位空间格子、单位空间点阵或单胞。

一个结点在空间三个方向上以 a、b、c 重复出现，即可建立空间点阵。重复周期的矢量 a、b、c 称为**点阵的基本矢量**，简称**基矢**。为了使表达最简单，应该选择最理想、最适当的基本矢量作为坐标系统，即以结点作为坐标原点，选取数目最多、长度相等的基本矢量以及夹角数目最多的直角为晶胞，且晶胞体积最小。这样的基本矢量构成的晶胞称为**布拉菲晶胞**。每一个点阵只有一个最理想的晶胞，即布拉菲晶胞。

布拉菲研究表明，按照上述三原则选取的晶胞只有 14 种，称为 14 **种布拉菲点阵**，分属 7 **个晶系**，如表 14-1 所示。按照晶胞中点阵位置的不同，可将 14 种布拉菲点阵分为 4 类：简单（P）、体心（I）、面心（F）、底心（C）。

表 14-1　7 个晶系和 14 种布拉菲点阵

晶系	晶胞基矢特性	简单（P）	体心（I）	底心（C）	面心（F）
三斜 （triclinic）	$a \neq b \neq c$ $\alpha \neq \beta \neq \gamma \neq \dfrac{\pi}{2}$				
单斜 （monoclinic）	$a \neq b \neq c$ $\alpha = \gamma = \dfrac{\pi}{2}$ $\beta \neq \dfrac{\pi}{2}$				
正交 （orthorhombic）	$a \neq b \neq c$ $\alpha = \beta = \gamma = \dfrac{\pi}{2}$				
六方 （hexagonal）	$a = b = c$ $\alpha = \beta = \dfrac{\pi}{2}$ $\gamma = \dfrac{2\pi}{3}$				
三方 （trigonal）	$a = b = c$ $\alpha = \beta = \gamma \neq \dfrac{\pi}{2}$				
四方 （tetragopal）	$a = b \neq c$ $\alpha = \beta = \gamma = \dfrac{\pi}{2}$				
立方 （cubic）	$a = b = c$ $\alpha = \beta = \gamma = \dfrac{\pi}{2}$				

14.1.4　点缺陷

具有完整的点阵结构的晶体是理想化的，称为理想晶体。理想晶体在自然界中是不存在的。在任何一个实际晶体中，原子、分子、离子等的排列总是或多或少地与理想点阵结构有所偏离。那些偏离理想点阵结构的部位称作**晶体的缺陷**。

点缺陷是偏离理想点阵结构的部位仅限于一个原子或几个原子的范围内。典型的点缺陷有空位、间隙原子、杂质原子等。当晶体的温度高于 0 K 时，由于晶格上质点热振动，使一部分能量较高的质点离开平衡位置而造成缺陷，这种缺陷称为热缺陷。热缺陷有两种形式：**弗仑克尔**(Frenkel)**缺陷**和**肖特基**(Schottky)**缺陷**。

在晶格热振动时，一些能量较大的质点离开平衡位置后，进入间隙位置，形成间隙质点，而在原来位置上形成空位，这种缺陷称为弗仑克尔缺陷，如图 14-3(a)所示。它的特点是间隙质点与空位总是成对出现。如果正常格点上的质点，在热起伏过程中获得能量离开平衡位置迁移到晶体的表面，而在晶体内部正常格点上留下空位，这种缺陷称为肖特基缺陷，如图 14-3(b)所示。由于肖特基缺陷只产生空位，因此其形成能较低，对大多数晶体来说，这种缺陷是主要的。

除了点缺陷以外，还有**线缺陷**(如位错)、**面缺陷**和**体缺陷**。

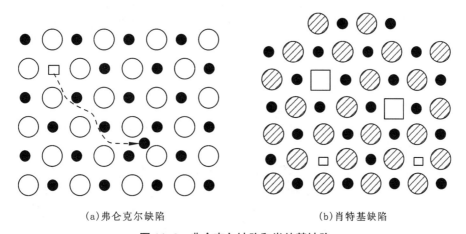

(a)弗仑克尔缺陷　　　　　　　　(b)肖特基缺陷

图 14-3　弗仑克尔缺陷和肖特基缺陷

§14.2　**固体的能带**

14.2.1　电子的共有化

众所周知，原子由原子核和核外电子组成，每一个电子都以一定的概率密度分布在原子核周围，为该原子所独占。不过这只是对孤立的原子而言的，对于由大量原子(分子)组成的晶体，情况就不同了。

当大量原子作规则排列而形成晶体时，晶体内形成了如图 14-4 所示的周期性势场。实际的晶体是三维点阵,势场也具有三维周期性。

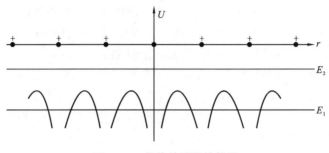

图 14-4   晶体的周期性势场

为了确定电子在晶体内周期性势场中的运动状态,需要求解薛定谔方程,其过程非常复杂,这里仅做一些定性的说明。图 14-4 中,对于能量为 E_1 的电子来说,势能曲线代表着势垒。由于 E_1 较小,相对而言,势垒宽度则很宽,因此穿透势垒的概率十分微小,基本上可以认为电子仍是束缚在各自原子实的周围。对于能量较大(如 E_2)的电子,其能量超出了势垒的高度,所以它可以在晶体内自由运动,而不受特定原子的束缚。还有一些能量略大于 E_1 的电子,虽不能越过势垒,但却可以通过隧道效应而进入相邻原子中去。这样,在晶体内便出现了一批属于整个晶体原子所共有的电子。这种由于晶体中原子的周期性排列而使价电子不再为单个原子所有的现象,称为**电子的共有化**。

14.2.2   能带的形成

量子力学证明,晶体中电子共有化的结果,会使原来每个原子中具有相同能量的电子能级因各原子间的相互影响而分裂成为一系列和原来能级很接近的新能级,这些新能级基本上连成一片而形成能带。

按泡利不相容原理,同一原子系统中,不可能有两个量子数(运动状态)完全相同的电子。当大量分子、原子紧密结合成晶体时,由于共有化电子是属于整个晶体系统的,所以系统中也就不可能存在两个量子数完全相同的电子。当 N 个原子相互靠近形成晶体时,它们的外层电子被共有化,使原来处于相同能级上的电子不再具有相同的能量,而处于 N 个相互靠得很近的新能级上,或者说是原来一个能级分裂成 N 个很接近的新能级。由于晶体中原子数目 N 非常大,所形成的 N 个新能级中相邻两能级间的能量差很小,几乎可以看成是连续的(又称为**准连续**),N 个新能级具有一定的能量范围,通常称它为**能带**。能带的宽度主要取决于晶体中相邻原子之间的距离,距离减小时能带变宽。图 14-5(a)表示的是晶体中 1s 态和 2s 态电子的能级分裂。

对于一定的晶体,由不同壳层的电子能级分裂所形成的能级宽度各不相同。内层电子共有化程度不显著,能带很窄;而外层电子共有化程度显著,能带较宽。图 14-5(b)表示原子能级 2s、2p、3s……分裂成相应能带的情况。通常采用与原子能级相同的符号来表示能带,如 1s 带、2s 带、3s 带等。

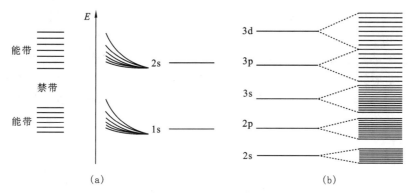

图 14-5　晶体中能带的分裂

14. 2. 3　满带、导带和禁带

由上所述，能带中的能级数决定于组成晶体的原子数 N，每个能带中能容纳的电子数由泡利不相容原理确定。例如，1s、2s 等 s 能带最多只能容纳 $2N$ 个电子，这是因为每个原子的 s 能级可容纳 2 个电子；同理可知，2p、3p 等能带可容纳 $6N$ 个电子；d 能带可容纳 $10N$ 个电子等。

如同原子中的电子那样，晶体中的电子在能带中各个能级的填充方式仍然服从泡利不相容原理和能量最小原理，由能量较低的能级依次到达较高的能级，每个能级可以填入自旋方向相反的两个电子。如果一个能带中的各个能级都被电子填满，这样的能带称为**满带**（图 14-6）。当晶体加上外电场时，满带中的电子不能起导电作用，这是因为所有能级都已被电子填满，在外电场作用下，电子除了在不同能级间交换外，总体上并不能改变电子在能带中的分布。满带中任一电子由原来占有的能级向这一能带中任一能级转移时，因受泡利不相容原理的限制，必有电子沿相反方向转换，与之相抵消，不产生定向电流，因此满带中的电子不能起导电作用。

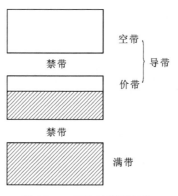

图 14-6　晶体的能带结构

由价电子能级分裂后形成的能带称为**价带**。如果晶体价带中的能级没有全部被电子填满，在外电场的作用下，电子可以进入价带中未被填充的高能级，由于没有反向电子的转移与之抵消，因而能形成电流，这样的能带称为**导带**。

还有一种能带，其中所有的能级都没有被电子填入，这样的能带称为**空带**。与各原子的激发态能级相对应的能带，在未被激发的正常情况下就是空带。如果由于某种原因（如热激发或光激发等），价带中一些电子被激发而进入空带，则在外电场作用下，这种电子可以在该空带内向较高的能级跃迁，一般没有反向电子的转移与之抵消，也可形成电流，表现出一定的导电性，因此空带也是导带。

在两个相邻能带之间，可以有一个不存在电子稳定能态的能量区域，这个区域就称为**禁带**。禁带的宽度对晶体的导电性起着相当重要的作用，有的晶体两个相邻能带互相重叠，这时禁带消失。

§14.3 导体、半导体和绝缘体

14.3.1 导体、半导体和绝缘体的能带结构

电阻率为 $10^{-8}\Omega \cdot m$ 以下的物体，称为导体；电阻率为 $10^{-8}\Omega \cdot m$ 以上的物体，称为绝缘体；半导体的电阻率则介于导体与绝缘体之间。硅、硒、碲、锗、硼等元素以及硒、碲、硫的化合物，各种金属氧化物和其他许多无机物质都是半导体。图 14-7 显示了这三种类型物质的能带结构。

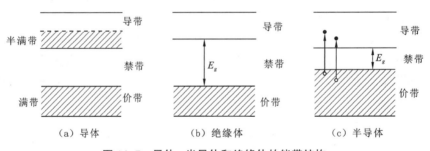

图 14-7 导体、半导体和绝缘体的能带结构

从能带结构来看，当温度接近热力学零度时，半导体和绝缘体都具有充满电子的满带和隔离满带与导带的禁带。**半导体的禁带相对较窄，而绝缘体的禁带则较宽**，如图 14-7(b)、图 14-7(c)所示。因此从能带结构上看，半导体和绝缘体在本质上是没有什么差别的。在任何温度下，由于电子的热运动，部分电子从满带越过禁带，激发到导带中，因为导带中的能级在被热激发电子占据之前是空着的，所以电子进入导带后，在外电场的作用下，就可向导带中的较高能级跃迁而形成电流，故半导体具有导电性。

绝缘体的禁带一般都很宽（超过 4.5 eV），所以在一般的温度下，从满带激发到导带的电子数往往是微不足道的，因而对外表现出很大的电阻率。半导体的禁带一般都较窄（几个 eV），所以在一般的温度下，被激发到导带的电子数较多，因而电阻率较小。导体的情况就

完全不一样，它和半导体之间存在着本质上的区别，如图 14-7（a）所示。一些导体，如 Na、K、Cu、Al、Ag 等一价金属，价带是未满带，一些被电子占有的能级和空着的能级紧紧连接在一起，故能导电。另外一些导体，如 Mg、Be、Zn 等二价金属，虽然也有满带，但禁带宽度为零，因此这些满带和导带相互交叠，形成一个统一的宽能带，在这种情况下如有外电场作用，电子很容易从一个能级跃迁到另一个能级，显示出很强的导电性，因而电阻率很小。

14.3.2　半导体材料的能带

图 14-8 给出了半导体材料硅和锗的能带结构，其中黑色阴影部分为半导体的禁带，禁带的上面部分为导带，禁带的下面部分为价带。导带的最低处为**导带底**，价带的最高处为**价带顶**，导带底与价带顶之间的能量差即为禁带。如果导带底和价带顶处于同一竖直方向，则该半导体称为**直接带隙半导体**；如果导带底和价带顶不处于同一竖直方向，则该半导体称为**间接带隙半导体**；如果直接带隙半导体的带隙为零，则导带底和价带顶重合于一个点，称为**狄拉克点**。由于大多数晶体都是二维和三维结构的，因此其能带结构不像图 14-8 那样简单。

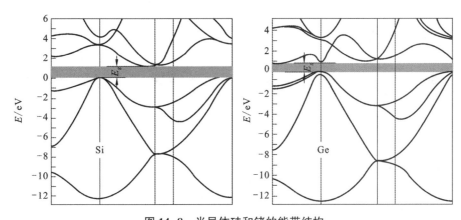

图 14-8　半导体硅和锗的能带结构

14.3.3　半导体器件

1. 半导体二极管

半导体二极管如图 14-9 所示。半导体中存在两种载流子，一种是带负电的自由电子，另一种是带正电的空穴，它们都可以运载电荷形成电流。在半导体中加入微量杂质，可使其导电性能显著改变。根据掺入杂质的性质不同，半导体可分为两类：**电子型（N 型）半导体**和**空穴型（P 型）半导体**。如在硅（或锗）半导体晶体中，掺入微量的五价元素，如磷（P）、砷（As）等，则构成 N 型半导体；在硅（或锗）半导体晶体中，掺入微量的三价元素，如硼（B）、铟（In）等，则构成 P 型半导体。

图 14-9　半导体二极管

经过特殊的工艺加工，将 N 型半导体和 P 型半导体紧密地结合在一起，则在两种半导体的交界面就会出现一个特殊的接触面,称为 PN **结**,如图 14-10 所示。PN 结加正向电压时导通,加反向电压时截止,这种特性称为 PN 结的单向导通性。如图 14-11 所示为伏安特性曲线,半导体二极管便是利用单向导通性,将 PN 结用外壳封装,再加上电极引线构成。根据应用的不同,二极管可分为整流、检波、开关、稳压、发光、光电、快恢复和变容二极管等,其中发光二极管就是生活中常见的 LED 发光管。

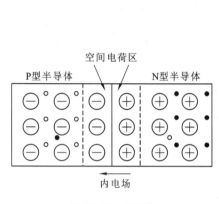

图 14-10 PN 结

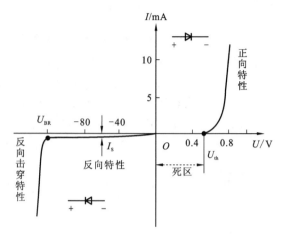

图 14-11 二极管的伏安特性曲线

2. 半导体三极管

半导体三极管又称晶体三极管、双极型晶体管,一般简称**晶体管**。它是通过一定的制作工艺,将两个 PN 结结合在一起的器件,两个 PN 结相互作用,使三极管成为一个具有控制电流作用的半导体器件。三极管可以用来放大微弱的信号和作为无触点开关。根据结构的不同,三极管可分为两类:**NPN 型三极管**和 **PNP 型三极管**,如图 14-12 所示。

图 14-13 的三极管符号中发射上的箭头方向,表示发射结正偏时电流的流向。三极管制作时,通常它们的基区做得很薄(几微米到几十微米),且掺杂浓度低;发射区的杂质浓度则比较高;集电区的面积则比发射区做得大,这是三极管实现电流放大的内部条件。三极管可以由半导体硅材料制成,称为硅三极管;也可以由锗材料制成,称为锗三极管。三极管从应用的角度来讲种类很多,根据工作频率可分为高频管、低频管和开关管;根据工作功率可分为大功率管、中功率管和小功率管。

要实现三极管的电流放大作用,首先要给三极管各电极加上正确的电压。三极管实现放大的外部条件为:其发射结必须加正向电压(正偏),而集电结必须加反向电压(反偏)。要使三极管具有放大作用,发射结必须正向偏置,而集电结必须反向偏置。三极管的特性曲线是指三极管的各电极电压与电流之间的关系曲线,如图 14-13 所示,它反映出三极管的特性。三极管的参数有很多,如电流放大系数、反向电流、耗散功率、集电极最大电流、最大反向电压等,这些参数可以通过查阅半导体手册得到。

光电三极管又叫光敏三极管,如图 14-14 所示,是一种相当于在三极管的基极和集电极之间接入一只光电二极管的三极管,光电二极管的电流相当于三极管的基极电流。从结构上

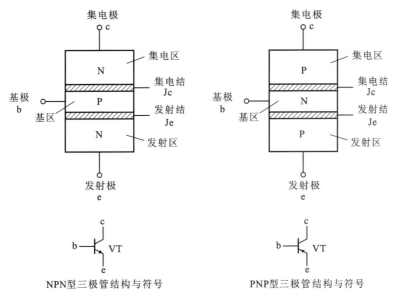

图 14-12　两种不同的三极管

讲，此类管的基区面积比发射区面积大很多，光照面积大，光电灵敏度比较高，因为具有电流放大作用，在集电极可以输出很大的光电流。光电三极管有塑料、金属（顶部为玻璃镜窗口）、陶瓷、树脂等多种封装结构，引脚分为两脚型和三脚型。一般两个管脚的光电三极管，管脚分别为集电极和发射极，而光窗口则为基极。

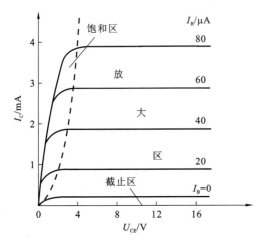

图 14-13　三极管的伏安特性曲线

图 14-14　光电三极管

3. 场效应管

场效应管是一种电压控制器件，它是利用电场效应来控制其电流的大小，从而实现放大。场效应管工作时，内部参与导电的只有多子，即只有一种载流子，因此又称为单极性器件。根据结构不同,场效应管可分为两大类:**结型场效应管**和**绝缘栅场效应管**。

结型场效应管分为 N 沟道结型管和 P 沟道结型管,如图 14-15 所示,它们都具有栅极、源极和漏极 3 个电极,分别与三极管的基极、发射极和集电极相对应。绝缘栅场效应管是由金属(metal)、氧化物(oxide)和半导体(semiconductor)材料构成的,因此又叫 MOS 管,如图 14-16 所示。绝缘栅场效应管可分为增强型和耗尽型两种,每一种又包括 N 沟道和 P 沟道两种类型。

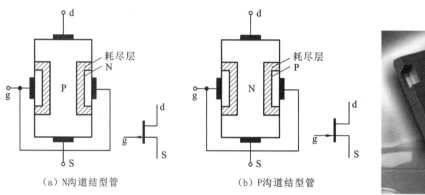

（a）N沟道结型管　　　　　（b）P沟道结型管

图 14-15　两种不同结型场效应管的结构与符号

图 14-16　MOS 管

§14.4　激光原理及激光器

14.4.1　激光原理

激光是受激辐射光放大的简称,是一种方向性、单色性、相干性都很好的强光光束,现今已得到了极为广泛的应用。从光缆的信息传输到光盘的读写,从视网膜的修复到大地的测量,从工件的焊接到热核聚变反应的引发等都可以利用激光。自 1960 年第一台激光器问世以来(图 14-17),激光器已经发展成具有众多系列和型号的庞大家族,在工业、农业、军事、科学研究等多个领域都有它们的身影。因此,了解激光原理及特性,掌握激光应用技术,是时代对我们的要求。

与普通光相比,激光有四大特征:**高度准直性**、**高度单色性**、**高度相干性**、**高亮度**。

1. 高度准直性

激光光束的发散角非常小,例如常在教室中用于演示的氦氖(He - Ne)激光器(图 14-18),它所发激光每行进 1 km,激光束的扩散直径只有几厘米。而普通光源,如配备抛物形反射面的探照灯,其扩散直径则为几十米。激光的高度准直性可用于定位、导航和测距。科学家们曾利用阿波罗航天器送上月球的反射镜对激光的反射来测量地月之间的距离,其误差只有几厘米。

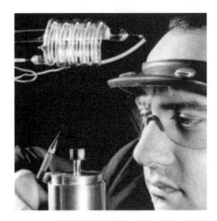

图 14-17　梅曼和他的第一台红宝石激光器

图 14-18　氦氖激光器

2. 高度单色性

由于谐振腔的选频作用,激光的谱线宽度很窄,单色性很好,如 He-Ne 激光器的谱线宽只有 10^{-8},在普通光源中,单色性最好的氪灯,谱线宽为 $4.7×10^{-3}$nm。利用激光单色性好的特性,可把激光波长作为长度标准、把激光频率作为计时标准进行精密测量;还可以用于光纤激光通信、等离子体测试等。

3. 高度相干性

由德布罗意关系和不确定关系知,谱线宽度越窄,光子的动量不确定性越小;位置不确定性越大,光的波列长度越长,所以激光光波有很长的相干长度,因而相干性好,如图 14-19所示。利用激光相干性好这个特性制成的激光干涉仪,可对大型工件进行高精度的快速测量,此外,用激光做光源,由于相干性好,使全息摄影术得以实现,现已发展为信息储存(全息片)、全息干涉度量等专门技术。

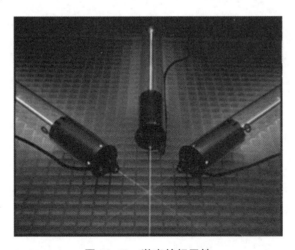

图 14-19　激光的相干性

4.高亮度

普通光源发出的光是不相干的,其所发光的强度是各原子所发光的非相干叠加。激光发射时,由于各原子发光是相干的,其强度是各原子发光的相干叠加,因而和普通光源发出的光相比,激光光强可以大得惊人。例如针头大的半导体激光器的功率可达 200 mW,而用于热核反应实验的激光器的脉冲平均功率已达 10^{14} W,可以产生足够高的温度从而引发氘-氚燃料微粒发生聚变。

利用激光高亮度的特点,可将其用于钻孔、切割、焊接、局部熔化等工业加工,也可将其制成激光手术刀进行外科手术,如图 14-20 所示。由于激光具有上述一系列特点,从而突破了普通光源的种种局限性,引起了各种光学应用技术的发展,还极大地促进了现代物理学、化学、天文学、宇宙科学、生命科学和医学等一系列基础科学的发展,非线性光学就是由激光技术和物理学相互促进而建立的一门新兴学科。

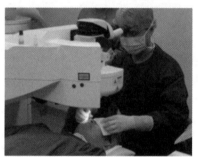

图 14-20　激光的应用

14.4.2　激光器原理

任何激光器都是由激励能源(泵浦源)、工作物质和光学谐振腔等组成的(图 14-21)。按工作物质来分,激光器可分为气体、液体、固体、半导体和自由电子激光器。按光的输出方式来分,激光器则可分为连续输出和脉冲输出激光器。各种激光器输出波段范围可从远红外一直到 X 射线。

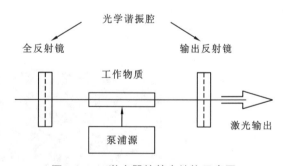

图 14-21　激光器的基本结构示意图

按照原子的量子理论,光和原子的相互作用可能引起**受激吸收**、**自发辐射**和**受激辐射**三种跃迁过程。原来处于低能态 E_1 的原子,受到频率为 ν 的光照射时,若满足 $h\nu = E_2 - E_1$,原子就有可能吸收光子向高能态 E_2 跃迁,这种过程称为**受激吸收**,或原子的光激发。

处于高能态的原子是不稳定的。在没有外界作用的情况下,激发态原子也会自发地向低能跃迁,并发射出一个光子,光子的能量为 $h\nu = E_2 - E_1$,这一过程称为**自发辐射**。普通光源的发光就属于自发辐射。由于发光物质中各个原子自发地、独立地进行辐射,因而各个光子的相位、偏振态和传播方向之间没有确定的关系。对大量发光原子来说，即使在同样的两能级之间的跃迁，所发出的同频率的光也是不相干的。

处于高能态的原子，如果在自发辐射以前受到能量为 $h\nu = E_2 - E_1$ 的外来光子的诱发作用，就有可能在从高能态跃迁到低能态的同时，发射一个与外来光子频率、相位、偏振态和传播方向都相同的光子，这一过程称为**受激辐射**。在受激辐射中，一个入射光子作用的结果是会得到两个状态完全相同的光子，如果这两个光子再引起其他原子产生受激辐射，并不断继续下去，就能得到大量特征相同的光子，这一过程称为光放大。可见，在连续诱发的受激辐射中，各原子发出的光是互相有联系的，它们的频率、相位、偏振态和传播方向都相同，因此受激辐射得到的光是相干光。

激光是通过受激辐射来实现放大的光，在光和原子系统相互作用时，总是同时存在受激吸收、自发辐射和受激辐射三种跃迁过程。从光的放大作用来说，受激吸收和受激辐射是互相矛盾的，吸收过程使光子数减少，而辐射过程则使光子数增加。光通过物质时光子数是增加还是减少，取决于哪个过程占优势。要使受激辐射胜过受激吸收而占优势，必须使处在高能态的原子数大于处在低能态的原子数，这种分布称**为粒子数布居反转分布**，简称**粒子数反转**。实现粒子数反转是产生激光的必要条件，需要有能实现粒子数布居反转分布的物质，称为工作介质（或称激活介质）。激活介质必须具有适当的能级结构，从外界输入能量，使激活介质有尽可能多的原子吸收能量后跃迁到高能态。这一能量供应过程称为"激励"，又称"抽运"或"光泵"，激励的方法一般有光激励、气体放电激励、化学激励等。

实现粒子数反转是产生激光的必要条件，但还不是充分条件。为了使某一方向和一定频率的信号享有最优越的放大条件，最终获得单色性、方向性都很好的激光，就必须将其他方向和频率的信号抑制住。光学谐振腔就是为此设计的一种装置，如图 14-21 所示。最常用的光学谐振腔是在工作介质两端放置一对互相平行的反射镜，这两个反射镜可以是平面镜，也可以是凹面镜或凸面镜等，其中一个是全反镜，另一个是部分反射镜，只有沿轴线方向运动的光子才可以在腔内来回反射，产生连锁式的光放大，在一定的条件下，从部分反射镜射出，成为输出的激光。

14.4.3　激光器的分类及应用

激光器发展至今，品种目前已超过 200 种，其特点各异，用途也各不相同。按工作介质来分有固体激光器、液体激光器、气体激光器、半导体激光器。

1. 固体激光器

第一个激光器——红宝石激光器就是固体激光器，如图 14-22 所示。固体激光器的工作介质是在作为基质材料的晶体或玻璃中均匀掺入少量激活离子，除了用红宝石和玻璃外，常用的还有在钇铝石榴石（YAG）晶体中掺入三价钕离子（Nd）的激光器，它发射 1060 nm 的近红外激光。固体激光器连续功率一般为 1 kW 以上，脉冲峰值功率可达 10000000 kW。一般固体激光器具有器件小、

图 14-22　固体激光器

坚固、使用方便、输出功率大的特点,因此广泛应用于测距、材料加工、军事等方面。近年来发展十分迅猛的光纤通信,其工作物质是一段光纤,在光纤中掺不同的元素,能够产生波段范围很宽的激光用于信息通信。

2. 液体激光器

常用的液体激光器是染料激光器,采用有机染料作为工作介质。大多数情况是把有机染料济于溶剂(乙醇、丙酮、水等)中使用,也有以蒸汽状态工作的。利用不同染料可获得不同波长的激光(在可见光范围)。染料激光器一般使用激光做泵浦源,常用的有氢离子激光器。液体激光器的工作原理比较复杂,其最大优点是输出波长连续可调,同时制备容易、可循环操作、便宜。

3. 气体激光器

气体激光器是指工作物质主要以气体状态进行发射的激光器,在常温常压下是气体。有的物质在通常条件下是液体(如非金属粒子的有水、汞)及固体(如金属离子结构的铜等粒子),经过加热使其变为蒸汽,利用这类蒸汽作为工作物质的激光器,统归气体激光器。

气体激光器除了发出激光的工作气体外,为了延长器件的工作寿命及提高输出功率,还加入了一定量的辅助气体与发光的工作气体相混合。气体激光器是所使用的工作物质中数目最多、激励方式最多样化、激光发射波长分布区域最广的一类激光器。气体激光器所采用的工作物质,可以是原子气体、分子气体和电离化离子气体,为此把它们相应地称为原子气体激光器、分子气体激光器和离子气体激光器。在原子气体激光器中,产生激光作用的是没有电离的气体原子,所用的气体主要是几种惰性气体(如氦、氖、氩、氪等),有时也可采用某些金属原子(如铜、锌、汞等)蒸汽,或其他元素原子气体等。原子气体激光器的典型代表是氦氖(He-Ne)激光器,如图 14-23 所示。气体激光器连续输出功率大,方向性好,其器件造价低廉,结构简单。

4. 半导体激光器

半导体激光器以半导体材料作为工作介质,目前较成熟的是砷化镓激光器(图 14-24),能发射 840 nm 的激光;另有掺铝的硫化铬、硫化锌等激光器。半导体激光器的激励方式主要有 3 种,即电注入式、光泵式和高能电子束激励式。

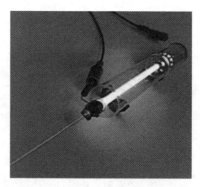

图 14-23　氦氖(He-Ne)激光器

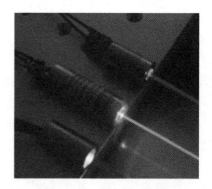

图 14-24　砷化镓激光器

电注入式半导体激光器一般是由 GaAs(砷化稼)、InAs(砷化铟)、InSb(锑化铟)等材料制成的半导体二极管，沿正向偏压注入电流进行激励。光泵式半导体激光器，一般用 N 型或 P 型半导体单晶(如 GaAs、InSb 等)做工作物质，以其他激光器发出的激光做光泵激励。高能电子束激励式半导体激光器，一般也是用 N 型或者 P 型半导体单晶(如 PbS、CdS 等)做工作物质，通过由外部注入高能电子束进行激励。

在半导体激光器件中，目前性能较好、应用较广的是具有双异质结构的电注入式 GaAs 二极管激光器。半导体激光器体积小、质量轻、寿命长、结构简单而坚固，特别适于在飞机、车辆、宇宙飞船上使用。20 世纪 70 年代末期，光纤通信和光盘技术的发展大大推动了半导体激光器的发展。

此外，激光器还可以按波长、激励方式、输出方式、输出功率的大小等不同方式来分。目前我国应用最广、使用率最高的激光器有 He-Ne 激光器、CO_2 激光器和 Nd-YAG 激光器。He-Ne 激光器功率小，主要用于准直、全息照相、光信息处理、组织改变照射等；CO_2 激光器和 Nd-YAG 激光器由于功率大，常被称为大功率激光器，主要应用于材料加工如焊接、切割等方面。

 本章小结

(1)晶体的结构。

晶体的宏观特征：固定的熔点；各向异性。

晶体的微观特征：空间点阵；原子呈现周期性的整齐排列。

(2)晶体的结合。

离子晶体、共价晶体、金属晶体、分子晶体和氢键晶体。

(3)晶体的点阵结构。

7 个晶系、14 种布拉菲点阵。

(4)点缺陷。

弗仑克尔缺陷和肖特基缺陷。

(5)电子的共有化。

(6)由于晶体中原子数目 N 非常大，所形成的 N 个新能级中相邻两能级间的能量差很小，几乎可以看成是连续的(又称为准连续)，N 个新能级具有一定的能量范围，通常称它为能带。

(7)满带、导带和禁带。

如果一个能带中的各个能级都被电子填满，这样的能带称为满带。如果晶体价带中的能级没有全部被电子填满，在外电场的作用下，电子可以进入价带中未被填充的高能级，由于没有反向电子的转移与之抵消，因而能形成电流，这样的能带称为导带。在两个相邻能带之间，可以有一个不存在电子稳定能态的能量区域，这个区域就称为禁带。

(8)导体、半导体和绝缘体的能带。

半导体和绝缘体都具有充满电子的满带和隔离满带与导带的禁带。半导体的禁带相对较窄，而绝缘体的禁带则较宽。

(9)半导体器件。

半导体二极管、半导体三极管、MOS 场效应管。

（10）激光的四大特征。

高度准直性、高度单色性、高度相干性、高亮度。

（11）激光器的分类。

固体激光器、液体激光器、气体激光器、半导体激光器。

 练习题

1. 晶体结构的基本特性是(　　　)。

A. 各向异性　　　　　B. 周期性　　　　　C. 自范性　　　　　D. 同一性

2. 共价键的基本特点不具有(　　　)。

A. 饱和性　　　　　B. 方向性　　　　　C. 键强大　　　　　D. 各向同性

3. 晶体中的点缺陷不包括(　　　)

A. 肖特基缺陷　　　B. 佛伦克尔缺陷　　C. 自填隙原子　　　D. 堆垛层错

4. 按结构划分，晶体可分为_____大晶系，共_____种布拉菲点阵。

5. 电子占据了一个能带中的所有的状态，称该能带为_____；没有任何电子占据的能带，称为_____；导带以下的第一满带，或者最上面的一个满带称为_____；最下面的一个空带称为_____；两个能带之间，不允许存在的能级宽度，称为_____。

6. 典型的晶格结构具有简立方结构、_____、_____四种结构。

5. 晶体的五种典型的结合形式是_____、_____、_____、_____、_____。

6. 光与物质相互作用的三个基本过程：_____、_____、_____。

7. 激光的四个基本特性：_____、_____、_____和_____。

8. 激光器的基本结构：_____、_____、光学谐振腔。

练习题参考答案

参考文献

[1] 匡乐满.大学物理[M].北京：北京邮电大学出版社,2008.

[2] 赵近芳,王登龙.大学物理学[M].北京：北京邮电大学出版社,2014.

[3] 张达宋.物理学基本教程[M].北京：高等教育出版社,2002.

[4] 夏兆阳.大学物理教程[M].北京：高等教育出版社,2004.

[5] 哈里德,瑞斯尼克,沃克哈里德大学物理学[M].张三慧,李椿,滕小英等译.北京：机械工业出版社,2009.

[6] 本教材中部分图片来源：360图片搜索(http://image.so.com/? &src=hao_360so_tu).

图书在版编目（CIP）数据

大学物理基础教程. 下册／付喜，高海峡主编. —长沙：
中南大学出版社，2023.8

ISBN 978-7-5487-5353-7

Ⅰ. ①大… Ⅱ. ①付… ②高… Ⅲ. ①物理学－高等学校
－教材 Ⅳ. ①O4

中国国家版本馆 CIP 数据核字（2023）第 076904 号

大学物理基础教程（下册）

DAXUE WULI JICHU JIAOCHENG（XIACE）

付喜　高海峡　主编

□出 版 人　吴湘华
□责任编辑　韩　雪
□责任印制　李月腾
□出版发行　中南大学出版社

　　　　　　社址：长沙市麓山南路　　　　邮编：410083
　　　　　　发行科电话：0731-88876770　　传真：0731-88710482
□印　　装　湖南省众鑫印务有限公司

□开　　本　787 mm×1092 mm 1/16　□印张 13.25　□字数 331 千字
□互联网+图书　二维码内容　字数 53 千字
□版　　次　2023 年 8 月第 1 版　　□印次 2023 年 8 月第 1 次印刷
□书　　号　ISBN 978-7-5487-5353-7
□定　　价　45.00 元